DIANSHI SHENGCHAN
WUDONG WUHUI WUNENG

电石生产
五懂五会五能

江 军 主编

化学工业出版社
·北京·

内容简介

本书在中国危险化学品安全协会的指导下，结合相关法律法规和电石炉岗位操作规范要求编制而成。主要包括电石炉出炉岗位、巡检岗位、行车岗位、装车岗位、净化岗位、炉前维修岗位和中控岗位的“五懂五会五能”，可供电石生产行业操作人员学习和参考。

图书在版编目（CIP）数据

电石生产五懂五会五能．电石炉岗位 / 江军主编
．—北京：化学工业出版社，2023.7
ISBN 978-7-122-42777-9

Ⅰ.①电…　Ⅱ.①江…　Ⅲ.①碳化钙-化工生产
Ⅳ.①TQ161

中国国家版本馆 CIP 数据核字（2023）第 087543 号

责任编辑：赵卫娟　　文字编辑：郭丽芹　陈小滔
责任校对：王　静　　装帧设计：刘丽华

出版发行：化学工业出版社（北京市东城区青年湖南街 13 号　邮政编码 100011）
印　　装：北京盛通数码印刷有限公司
710mm×1000mm　1/16　印张 15　字数 286 千字　2023 年 8 月北京第 1 版第 1 次印刷

购书咨询：010-64518888　　售后服务：010-64518899
网　　址：http://www.cip.com.cn
凡购买本书，如有缺损质量问题，本社销售中心负责调换。

定　　价：98.00 元

编委会名单

前　言

在人们传统的认知中，电石生产一直就有“高污染、高耗能、高劳动强度、高风险、低自动化水平、低人员素质”的刻板印象。随着装备技术进步，电石生产运行逐步进入了机械化、自动化、数字化、信息化、智能化、智慧化的变革发展新阶段。中泰矿冶长期致力于摸索、探索和总结一整套与中国式现代化管理同步、运行可靠的安全生产管控模式，为电石生产企业实现绿色健康安全高质量发展提供经验和参考。

中泰矿冶积极践行习近平总书记提出的安全发展理念，始终坚持“以人为本、生命至上”，为全面提高职工队伍综合素养，提高理论联系实际水平，紧紧围绕员工岗位应知应会知识点，基于岗位安全风险和技能要求，在中国化学品安全协会指导和支持下，历时两年完成了“电石生产五懂五会五能”全岗位手册编制。同时在没有电石技术模板和标准下，自行成立专业小组通过调研、培训、识别、运行、评价等过程不断地细化完善，并进行了实践应用，取得了一定成效。

《电石生产五懂五会五能——电石炉岗位》一书是“电石生产五懂五会五能”中的一部分，后续还将陆续推出更多岗位内容。本书结合公司近二十年电石生产过程中积累的安全知识经验，自下而上收集整理了大量专业资料，部分图片、图纸和设备结构运用公司三维建模技术辅助完成。

本书经过岗位员工参与评审、车间内部评审、各车间相互评审、公司评审、专家审核等五大评审过程，汇集了团队智慧，提高了书稿质量，形成了具有丰富理论知识和实践经验的电石炉岗位安全基础资料，可作为电石生产岗位操作人员的培训教材。

安全责任重于泰山，抓基层、打基础是根本保障，核心还是岗位员工综合安全素养。本书的出版能为电石行业从业者提供基础知识保障，通过学习实践提高专业知识水平，进而促进各电石企业安全健康发展。

由于编者水平有限，书中不妥之处，希望读者批评指正。

江军

2023 年 1 月

目 录

第一章

出炉岗位五懂五会五能

岗位描述：负责出炉智能机器人及卷扬机操作及日常维护保养，智能机器人工具的更换、倒换电石锅、出炉设施的检查及所属区域内异常情况的紧急处置。

1.1 五懂

1.1.1 懂工艺技术

1.1.1.1 工艺特点

① 气动挡火门：使用的气动挡火门可以远程开启关闭，比人工开关挡火门更安全、方便。

② 气动烟道：可以实现烟道翻板远程操作，更加安全、准确、方便。

1.1.1.2 工艺原理

炉料通过料管进入到电石炉内，炉料在电石炉内经过电极的电弧热和电阻热作用生成电石。电石生产工艺流程见图 1-1。反应式如下：

$$CaO+3C \xrightarrow{1900 \sim 2200℃} CaC_2+CO\uparrow \qquad -465.9kJ$$

1.1.1.3 基本概念

① 电石流轨道：出炉设施未检查到位或炉眼发生跑眼等，导致液态电石流入轨道内。

② 跑眼：液态电石突然从封堵后的炉眼内流出。

③ 清理轨道：出炉完毕后利用工具清理轨道内的电石。

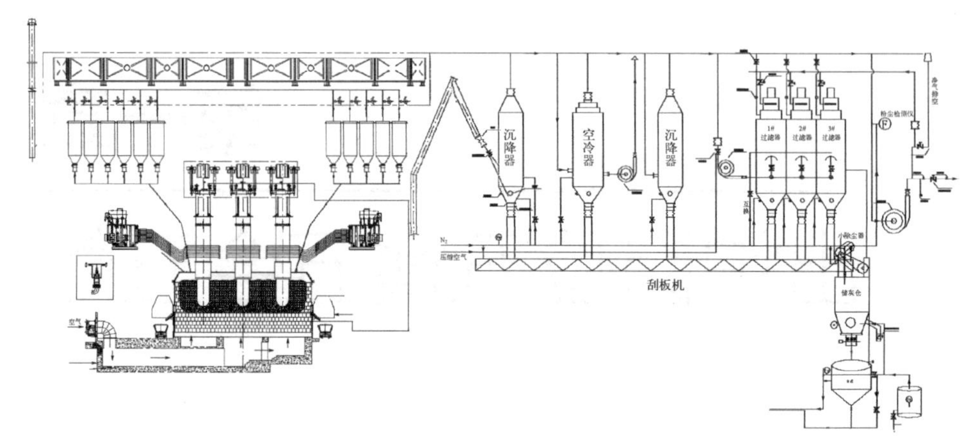

图 1-1　电石生产工艺流程

④ 维护炉眼：智能机器人抓取烧穿器对炉眼进行维护，炉眼维护标准为外径 300mm、深度 400mm、内径 100mm 的倒喇叭状。

⑤ 出炉：智能机器人使用烧穿器进行开眼，通过带钎、修炉舌等操作将电石炉内的液态电石引流至电石锅内。

⑥ 闪爆：出炉过程中出炉设备漏水，水与液态电石接触发生反应造成瞬间爆炸。

⑦ 小车掉道：拉锅过程中出炉小车因本体缺陷或外力原因脱离轨道。

⑧ 卷扬机对拉：两台卷扬机同时处于挂挡或受力状态对同一排小车进行牵引操作。

⑨ 炉眼喷料：炉内物料随炉气持续从打开的炉眼内喷出。

⑩ 电石锅翻锅：电石锅内有异物或使用潮湿的物料铺垫锅底，液体电石流入后发生剧烈反应，电石在锅内翻涌飞溅并产生大量浓烟。

1.1.1.4　工艺指标表

工艺指标见表 1-1～表 1-3。

表 1-1　密闭电石炉 A 类指标

指标类别	指标名称	单位	指标值	备注
安全环保指标	炉气中 O_2 含量	%	≤0.5	
	炉气中 H_2 含量	%	≤12.0	
	炉膛内压力	Pa	−5～+10	
设备运行指标	接触元件最高水温	℃	≤53	
工艺运行控制指标	炉气中 CO 含量	%	≥70.0	
	功率因数	—	≥0.90	补偿后

表 1-2　密闭电石炉 B 类指标

指标类别	指标名称	单位	指标值	备注
工艺运行控制指标	炉盖温度（T_4）	℃	≤900	适用于 40.5MV·A 电石炉
	糊柱高度	m	3.5～4.5	
	压缩空气压力	MPa	0.4～0.7	
	冷却水压力	MPa	0.25～0.45	
	冷却水回水温度	℃	≤53	
	氮气流量（标准状况）	m^3/h	100～300	适用于 40.5MV·A 电石炉
安全环保指标	空冷前温度	℃	≤550	
设备运行指标	空冷后温度	℃	≤350	
质量运行控制指标	电石发气量	L/kg	≥280	

表 1-3　密闭电石炉 C 类指标

指标类别	指标名称	单位	指标值	备注
安全环保控制指标	过滤后粉尘含量	mg/m^3	≤30	
工艺运行控制指标	炉底温度	℃	≤700	

1.1.2　懂危险特性

1.1.2.1　过程的危险特性

① 电石流轨道：液态电石流入轨道内，清理过程中导致人员灼伤。

② 炉眼跑眼：液态电石突然从封堵后的炉眼内流出，现场处置不当电石流入轨道内，导致人员灼伤。

③ 钢丝绳断裂：因卷扬机对拉、钢丝绳未摆放到位或钢丝绳破损导致拉锅过程中钢丝绳断裂，造成人员遭受物体打击。

④ 机器人失控：智能机器人运行过程中程序丢失或程序紊乱，导致机器人失控，造成人员发生机械伤害。

⑤ 电石锅翻锅：出炉时电石锅突然发生翻锅，导致大量液态电石飞溅，造成人员灼伤。

⑥ 炉眼喷料：出炉时因塌料造成大量生料从炉眼内喷出，导致人员发生灼伤或设备烧损等。

⑦ 闪爆：出炉过程中炉眼处循环水设备漏水，与热电石接触产生爆炸，导致人员灼伤。

⑧ 夹吊电石：行车在夹吊电石时人员在下方作业或距离过近，电石发生漏底，导致人员烫伤。

⑨ 打锅耳：打锅耳时未按要求穿戴防护用品，导致人员发生烫伤。

⑩ 清理轨道：未摘除卷扬机钢丝绳环或冷却时间不足清理轨道，导致人员遭受物体打击或灼伤。

1.1.2.2 物质的危险特性

① 电石：遇水或湿气能迅速产生高度易燃的乙炔气体，在空气中达到一定的浓度时，可发生爆炸性灾害。与酸类物质能发生剧烈反应。

② 乙炔：极易燃气体；即使在没有空气的条件下仍可能发生爆炸反应，在一定压力下气体如受热可爆炸。

1.1.2.3 设备设施的危险特性

① 卷扬机运行时，人员手拉脚踩钢丝绳可能会造成人员绞伤。

② 跨越运行中的钢丝绳，钢丝绳断裂造成人员物体打击。

③ 更换机器人工具：现场未按下急停按钮、未悬挂标识牌、未使用防脱链进行工具更换，导致人员发生物体打击。

④ 破碎电石渣时用手清理破碎机内部电石块造成人员机械伤害。

⑤ 行车夹吊电石时人员用手触碰单双臂卡子造成人员被物体打击。

1.1.2.4 环境的危险特性

① 粉尘：高浓度粉尘场所遇明火、电火花易引起燃烧、爆炸。粉尘侵入呼吸系统，会引发肺尘埃沉着病、呼吸系统肿瘤和局部刺激作用等病症。

② 高温：高温天气对人体健康的主要影响是产生中暑以及诱发心脑血管疾病，甚至导致死亡。

1.1.3 懂设备原理

1.1.3.1 设备类

① 卷扬机见图 1-2 和图 1-3。

原理：电动卷扬机构造由电动机、联轴器、制动器、齿轮箱和卷筒组成，共同安装在机架上，电动机转子转动输出动力，经轴、齿轮减速后再带动卷筒旋转。卷筒卷绕钢丝绳牵引重物。

功能：将重物按照计划牵引至指定位置。

② 炉底风机见图 1-4 和图 1-5。

原理：叶轮安装在圆形机壳内，电机带动叶轮旋转，在叶片的作用下，空气压力增加，并接近于沿轴向流动排出。

图 1-2　卷扬机示意图

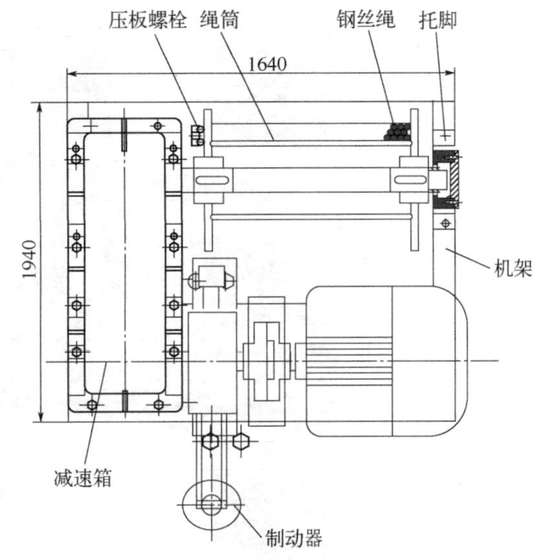

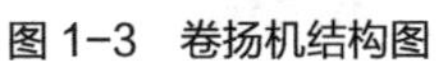

图 1-3　卷扬机结构图

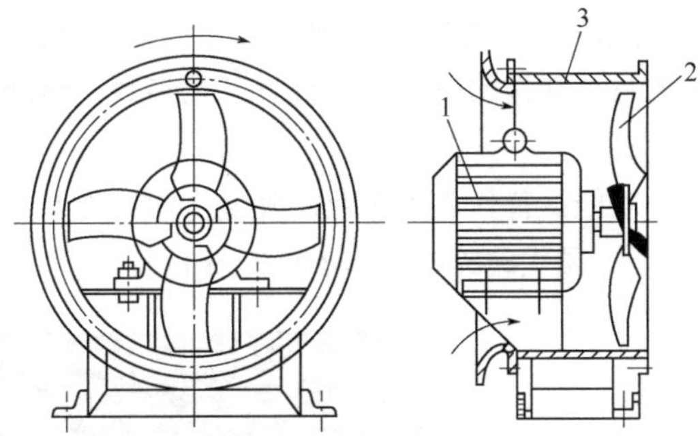

图 1-4　炉底风机示意图

图 1-5　炉底风机结构图

1—电动机；2—叶片；3—机壳

功能：可用于实验室，工厂或各种建筑物的通风管路系统中通风置换。

③ 智能机器人见图 1-6 和图 1-7。

图 1-6　智能机器人示意图

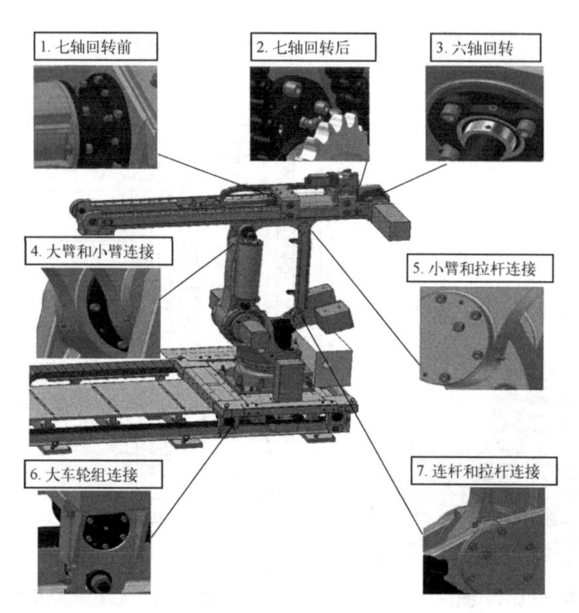

图 1-7　智能机器人结构图

原理：将操作流程按照实际需求编写成程序，机器人在执行过程中自动记忆示教的每个动作的姿态、位置、工艺参数、运动参数等，并自动生成一个连续执行的程序。

功能：替代人工作业，降低作业风险及人员劳动强度。

④ 颚式破碎机见图 1-8 和图 1-9。

图 1-8　颚式破碎机示意图

原理：电动机驱动皮带和皮带轮，通过偏心轴使动颚上下运动，当动颚上升时肘板与动颚间夹角变大，从而推动动颚板向定颚板接近，同时物料被压碎或劈碎，达到破碎的目的。

功能：对大颗粒物料进行破碎。

⑤ 压缩空气储气罐见图 1-10 和图 1-11。

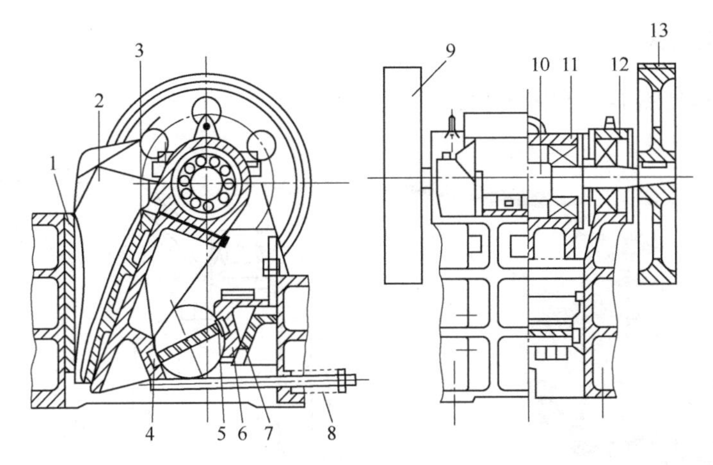

图 1-9　颚式破碎机结构图

1—定颚板；2—侧板；3—动颚板；4—推力板支座；5—推力板；6—前斜铁；7—后斜铁；8—拉杆；9—飞轮；10—偏心轴；11—动颚；12—机架；13—带轮

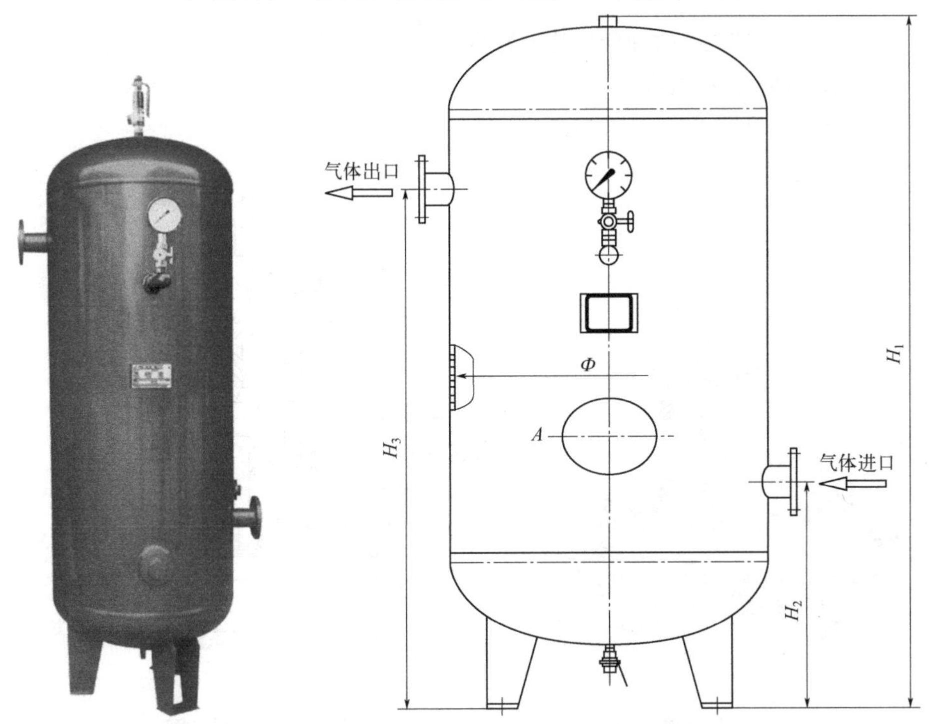

图 1-10　压缩空气储气罐示意图

图 1-11　压缩空气储气罐结构图

原理：使用储气罐可以把气压控制在合适的范围内，消除管路中气流的脉动。有了储气罐，空压机输出压缩空气就有了缓冲的地方，使气源能较好地保持在一个设定值，用气系统能得到恒定的压力。

功能：储存空气；过滤水分；稳定气压。

1.1.3.2 阀门类

① 球阀见图 1-12 和图 1-13。

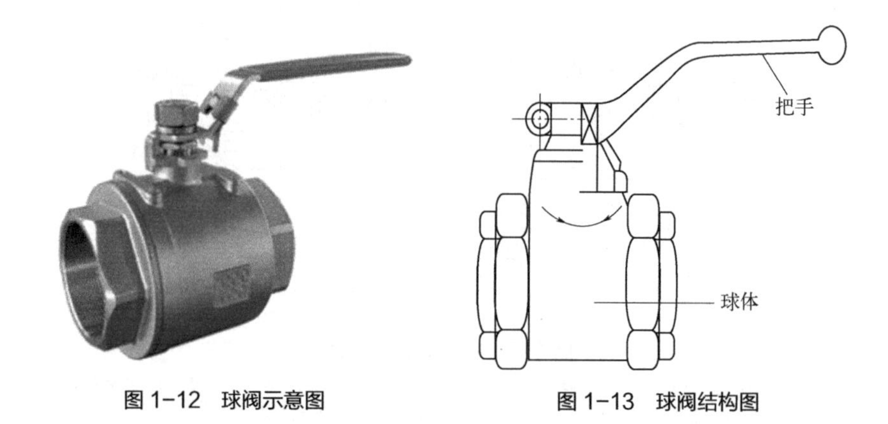

图 1-12 球阀示意图　　图 1-13 球阀结构图

原理：靠旋转阀芯来使阀门达到开启、关闭的状态。

功能：截断介质的流动。

② 脉冲阀见图 1-14 和图 1-15。

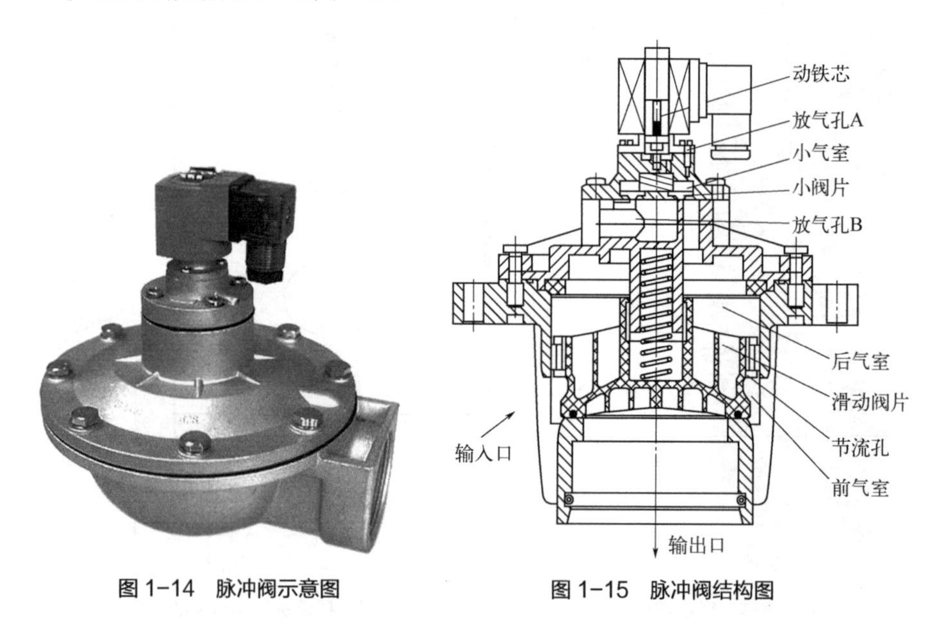

图 1-14 脉冲阀示意图　　图 1-15 脉冲阀结构图

原理：当脉冲阀通电时，动铁芯在电磁力作用下向上抬起，放气孔 A 打开，气体喷出，由于恒压管道节流孔的作用，放气孔 A 的流出速度大于小气室恒压管气体的流入速度，令小气室压力低于后气室的压力，后气室的气体将滑动阀片顶起，打开输出口，进行气体喷吹。

功能：控制气体管路内的流量及压力。

1.1.3.3 安全设施类

① 安全阀见图 1-16 和图 1-17。

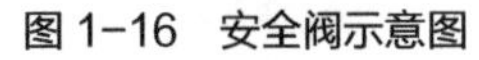
图 1-16　安全阀示意图

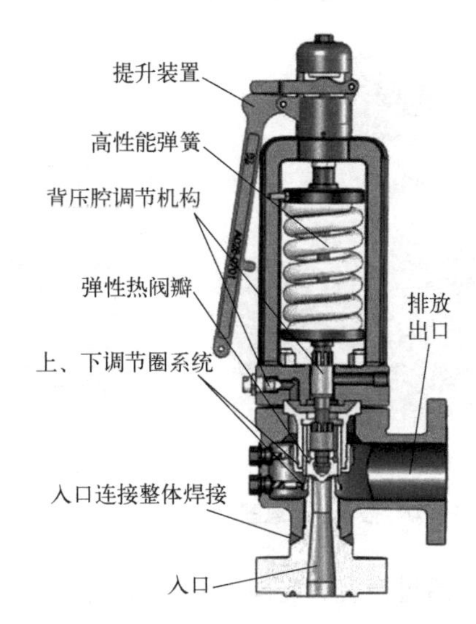

图 1-17　安全阀结构图

原理：当系统压力超过规定值时，利用压缩弹簧的力来平衡作用在阀瓣上的力。螺旋圈形弹簧的压缩量可以通过转动它上面的调整螺母来调节，利用这种结构起到安全防护的作用。

功能：控制压力不超过规定值。

② 减压阀见图 1-18 和图 1-19。

图 1-18　减压阀示意图

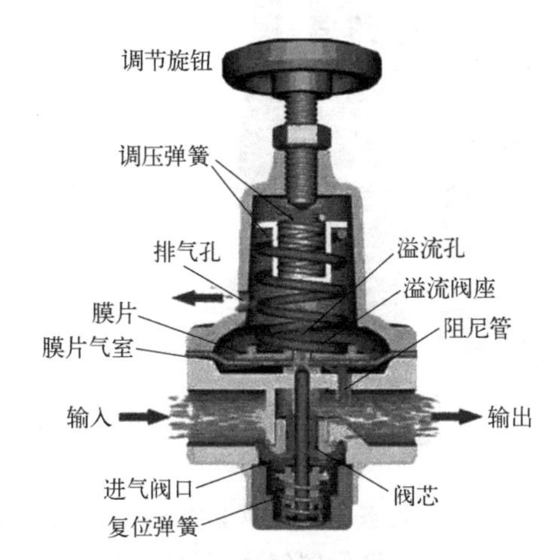

图 1-19　减压阀结构图

原理：通过调节弹簧压力设定出口压力，利用膜片传感出口压力变化，通过导阀启闭驱动活塞调节主阀节流部位过流面积的大小，实现减压稳压功能。

功能：减压稳压。

③ 语音报警仪见图 1-20 和图 1-21。

图 1-20　报警仪示意图

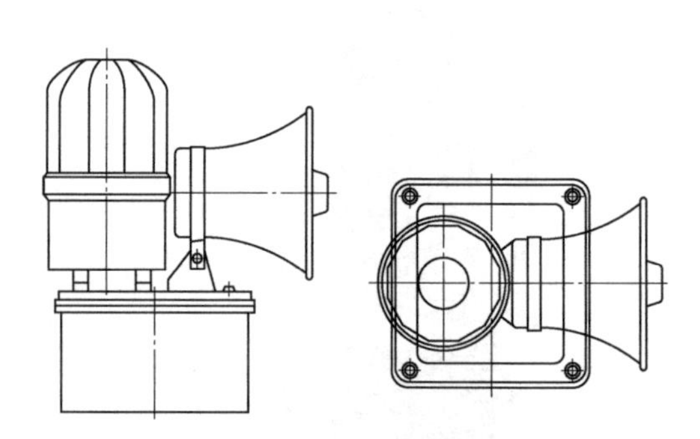

图 1-21　报警仪结构图

原理：通过声音和光向人们发出警报信号，实现报警。

功能：在危险场所防止或预防某事件发生。

④ 灭火器见图 1-22 和图 1-23。

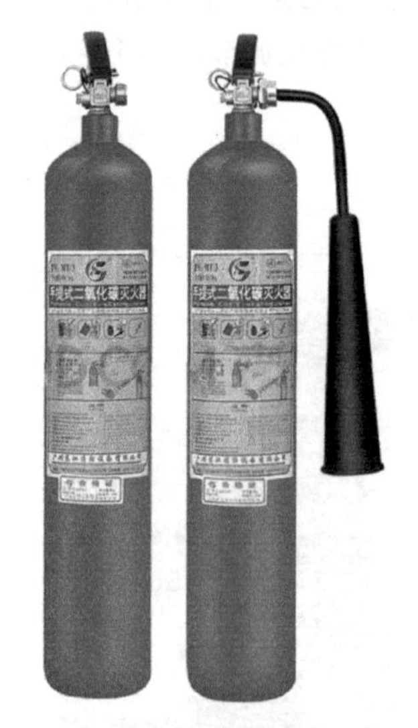

图 1-22　二氧化碳灭火器示意图

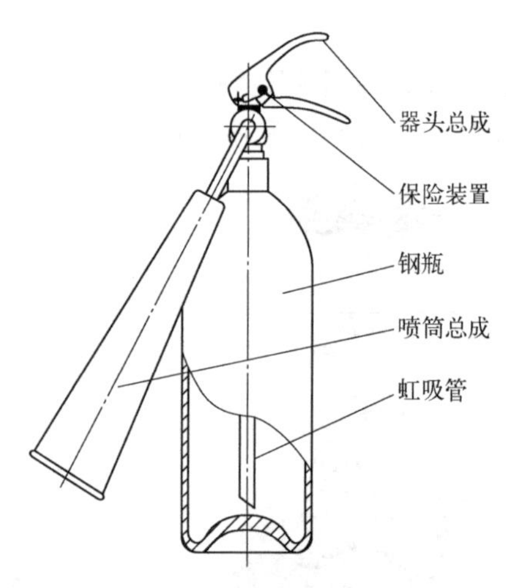

图 1-23　二氧化碳灭火器结构图

原理：常压下液态二氧化碳会汽化，一般 1kg 的液态二氧化碳可产生约 0.5m^3 的气体。灭火时，二氧化碳气体可排除空气，并包围在燃烧物体的表面或分布在较密闭的空间中，降低可燃物周围或防护空间的氧浓度，产生窒息作用而灭火。

功能：主要用于发生电气火灾时，对电气设备进行灭火处置。

⑤ 正压式空气呼吸器见图 1-24 和图 1-25。

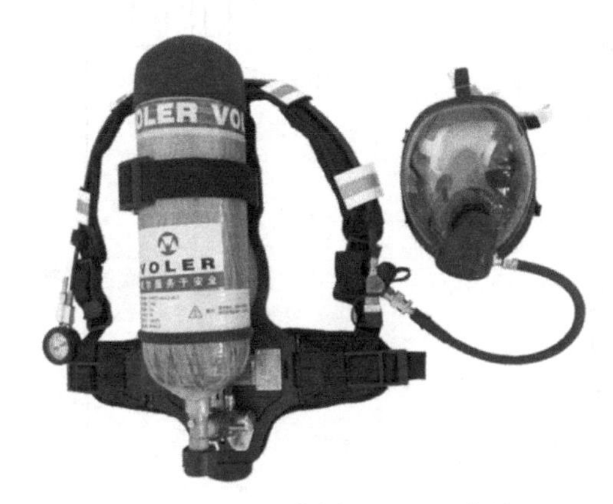

图 1-24　正压式空气呼吸器示意图

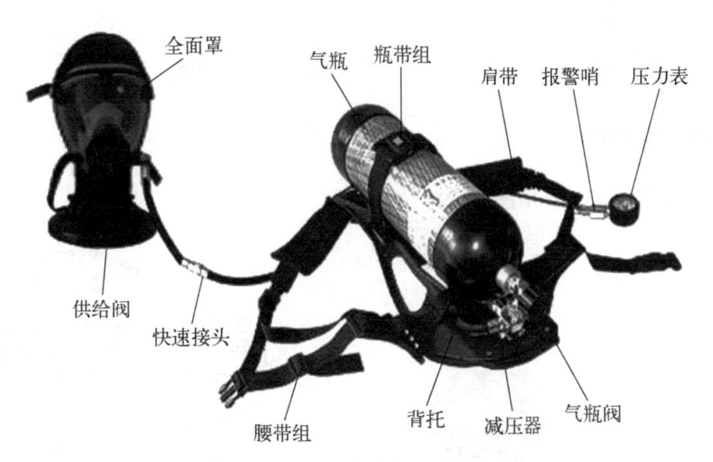

图 1-25　正压式空气呼吸器结构图

原理：利用压缩空气的正压自给开放式呼吸器，人员从肺部呼出气体通过全面罩呼吸阀排入大气中。当工作人员吸气时，适量的新鲜空气经气体贮存气瓶开关、减压器、快速接头、供给阀、全面罩吸入人体肺部，完成了整个呼吸循环过程。

功能：主要适用于消防、化工、冶炼、实验室等处，使消防员或抢险救护人员能够在充满浓烟、毒气、蒸汽或缺氧的恶劣环境下安全地进行抢险救灾和救护工作。

⑥ 医用氧气瓶见图 1-26 和图 1-27。

原理：打开供氧器开关，氧气瓶内高压氧气经减压阀，再经过流量调节开关微调，连好导氧管、加湿器、吸氧管和鼻塞即可输氧。

功能：主要用于人员缺氧、中毒、急救等情况。

图 1-26　医用氧气瓶示意图

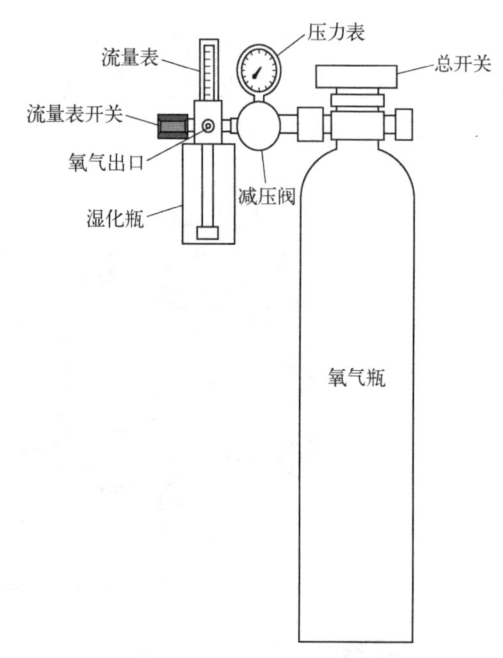

图 1-27　医用氧气瓶结构图

1.1.3.4　电气仪表类

① 热电偶见图 1-28 和图 1-29。

图 1-28　热电偶示意图

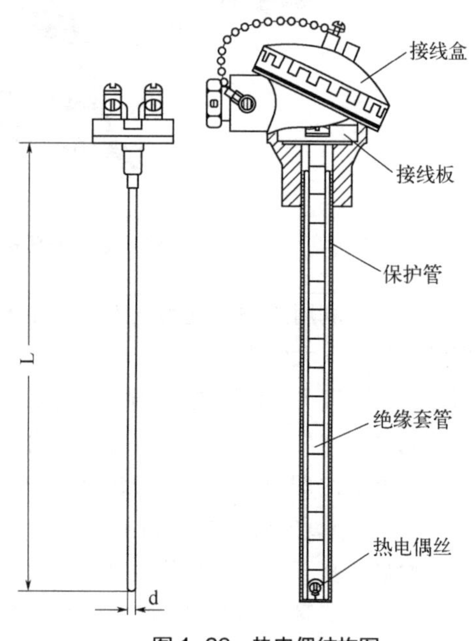

图 1-29　热电偶结构图

原理：将热能转换为电能，用所产生的热电势测量温度。

功能：直接测量温度，并把温度信号转换成热电动势信号，通过电气仪表（二次仪表）转换成被测介质的温度。

② 压力表见图 1-30 和图 1-31。

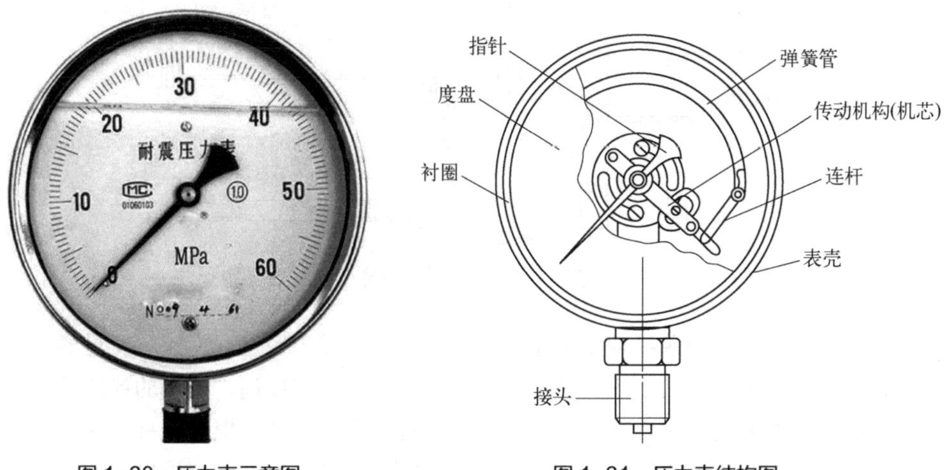

图 1-30　压力表示意图　　图 1-31　压力表结构图

原理：弹簧管在压力和真空的作用下，产生弹性变形引起管端位移，其位移通过机械传动机构（连杆和机芯）进行放大，传递给指示装置，再由指针在表盘上偏转指示出压力或真空值。

功能：用于压力检测。压力表依靠内部充灌阻尼油和配置缓冲装置等措施，具有良好的耐震性能。

③ 流量计见图 1-32 和图 1-33。

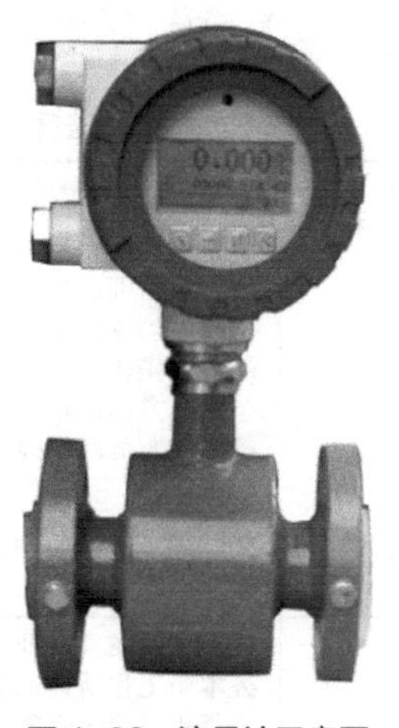

图 1-32　流量计示意图

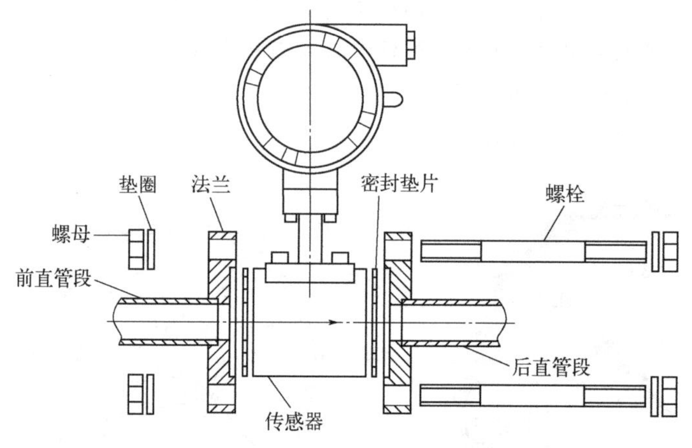

图 1-33 流量计结构图

原理：根据流体振荡原理来测量流量，流体在管道中经过涡街流量变送器时，在三角柱的旋涡发生体后上下交替产生正比于流速的两列旋涡，旋涡的释放频率与流过旋涡发生体的流体平均速度及旋涡发生体特征宽度有关，根据这种关系，通过旋涡的释放频率就可以计算出流过旋涡发生体的流体平均速度，再乘以横截面积得到流量。

功能：测量管道或明渠中流体流量。

1.1.4 懂法规标准

1.1.4.1 出炉岗位所涉及法律

出炉岗位所涉及法律见表 1-4。《中华人民共和国安全生产法》简称《安全生产法》，《中华人民共和国职业病防治法》简称《职业病防治法》。

表 1-4 出炉岗位所涉及法律一览表

序号	类别	法规标准	适用条款内容
1	人员资质	《安全生产法》	第二十八条 生产经营单位应当对从业人员进行安全生产教育和培训，保证从业人员具备必要的安全生产知识，熟悉有关的安全生产规章制度和安全操作规程，掌握本岗位的安全操作技能，了解事故应急处理措施，知悉自身在安全生产方面的权利和义务。未经安全生产教育和培训合格的从业人员，不得上岗作业
2		《安全生产法》	第三十条 生产经营单位的特种作业人员必须按照国家有关规定经专门的安全作业培训，取得相应资格，方可上岗作业
3		《安全生产法》	第五十八条 从业人员应当接受安全生产教育和培训，掌握本职工作所需的安全生产知识，提高安全生产技能，增强事故预防和应急处理能力

续表

序号	类别	法规标准	适用条款内容
4	应急管理	《安全生产法》	第五十四条　从业人员有权对本单位安全生产工作中存在的问题提出批评、检举、控告；有权拒绝违章指挥和强令冒险作业
5		《安全生产法》	第五十五条　从业人员发现直接危及人身安全的紧急情况时，有权停止作业或者在采取可能的应急措施后撤离作业场所
6		《安全生产法》	第五十九条　从业人员发现事故隐患或者其他不安全因素，应当立即向现场安全生产管理人员或者本单位负责人报告；接到报告的人员应当及时予以处理
7	职业健康	《安全生产法》	第五十三条　生产经营单位的从业人员有权了解其作业场所和工作岗位存在的危险因素、防范措施及事故应急措施，有权对本单位的安全生产工作提出建议
8		《安全生产法》	第五十七条　从业人员在作业过程中，应当严格落实岗位安全责任，遵守本单位的安全生产规章制度和操作规程，服从管理，正确佩戴和使用劳动防护用品
9		《职业病防治法》	第二十二条　用人单位必须采用有效的职业病防护设施，并为劳动者提供个人使用的职业病防护用品

1.1.4.2　出炉岗位所涉及法规标准

出炉岗位所涉及的法规标准见表1-5。

表1-5　出炉岗位所涉及法规标准一览表

序号	类别	法规标准	适用条款内容
1	培训教育	《新疆维吾尔自治区安全生产条例》	第十四条　生产经营单位应当按照国家有关规定，对从业人员进行安全生产教育和培训，并建立从业人员安全培训档案，如实记录培训时间、内容以及考核情况
2		《安全生产培训管理办法》	第十条　生产经营单位应当建立安全培训管理制度，保障从业人员安全培训所需经费，对从业人员进行与其所从事岗位相应的安全教育培训；从业人员调整工作岗位或者采用新工艺、新技术、新设备、新材料的，应当对其进行专门的安全教育和培训。未经安全教育和培训合格的从业人员，不得上岗作业
3		《生产经营单位安全培训规定》	第十三条　生产经营单位新上岗的从业人员，岗前培训时间不得少于24学时
4		《安全生产培训管理办法》	第十八条　安全监管监察人员、从事安全生产工作的相关人员、依照有关法律法规应当接受安全生产知识和管理能力考核的生产经营单位主要负责人和安全生产管理人员、特种作业人员的安全培训的考核，应当坚持教考分离、统一标准、统一题库、分级负责的原则，分步推行有远程视频监控的计算机考试
5		《生产经营单位安全培训规定》	第十七条　从业人员在本生产经营单位内调整工作岗位或离岗一年以上重新上岗时，应当重新接受车间（工段、区、队）和班组级的安全培训。生产经营单位采用新工艺、新技术、新材料或者使用新设备时，应当对有关从业人员重新进行有针对性的安全培训

续表

序号	类别	法规标准	适用条款内容
6		《化工企业中毒抢救应急措施规定》	第十六条　凡新入厂或调换新的作业岗位者，均应进行有关安全规程、防毒急救常识等教育。经考试及格后发给《安全作业证》，才能允许在有毒岗位上作业
7	职业健康	《用人单位劳动防护用品管理规范》	第九条　用人单位使用的劳务派遣工、接纳的实习学生应当纳入本单位人员统一管理，并配备相应的劳动防护用品。对处于作业地点的其他外来人员，必须按照与进行作业的劳动者相同的标准，正确佩戴和使用劳动防护用品
8		《用人单位劳动防护用品管理规范》	第十二条　同一工作地点存在不同种类的危险、有害因素的，应当为劳动者同时提供防御各类危害的劳动防护用品。需要同时配备的劳动防护用品，还应考虑其可兼容性
9		《用人单位劳动防护用品管理规范》	第十四条　用人单位应当在可能发生急性职业损伤的有毒、有害工作场所配备应急劳动防护用品，放置于现场临近位置并有醒目标识
10	变更管理	《化工企业工艺安全管理实施导则》	4.4.2 培训管理程序应包含培训反馈评估方法和再培训规定。对培训内容、培训方式、培训人员、教师的表现以及培训效果进行评估，并作为改进和优化培训方案的依据；再培训至少每三年举办一次，根据需要可适当增加频次。当工艺技术、工艺设备发生变更时，需要按照变更管理程序的要求，就变更的内容和要求告知或培训操作人员及其他相关人员
11	应急管理	《生产安全事故应急预案管理办法》	第十五条　对于危险性较大的场所、装置或者设施，生产经营单位应当编制现场处置方案。现场处置方案应当规定应急工作职责、应急处置措施和注意事项等内容。事故风险单一、危险性小的生产经营单位，可以只编制现场处置方案
12		《生产安全事故应急预案管理办法》	第三十一条　生产经营单位应当组织开展本单位的应急预案、应急知识、自救互救和避险逃生技能的培训活动，使有关人员了解应急预案内容，熟悉应急职责、应急处置程序和措施
13		《化工企业急性中毒抢救应急措施规定》	第六条　有毒车间应成立抢救组。100人以上的车间至少有4名兼职救护员；有剧毒车间的企业应配备专职医务人员，昼夜值班，以便发生急性中毒时进行紧急抢救。车间抢救组由车间主任担任组长，安全员、工艺员、救护员、检修班长等参加
14		《化工企业急性中毒抢救应急措施规定》	第九条　有毒车间应备有急救箱，由专人保管，定期检查、补充和更换箱内的药品和器材
15		《电石生产安全技术规程》	出炉系统漏水应紧急停电处理
16	安全生产	《化工企业急性中毒抢救应急措施规定》	第二十一条　工人操作、检修和采样分析时，要严格执行各项操作规程任何人不得更改。工人有权拒绝执行违反安全规定的指示

1.1.5　懂制度要求

出炉岗位涉及相关制度见表1-6。

表 1-6　出炉岗位涉及相关制度一览表

序号	类别	规章制度	适用条款内容
1	安全环保	动火作业管理规定	动火指标：一氧化碳(CO)浓度≤0.5%；氧含量(O_2)19.5%～21%。防范措施：安全隔离、关闭送气盲板阀、进行氮气置换、检测分析
2		受限空间作业管理规定	受限指标：甲烷（CH_4）≤25mg/m^3，一氧化碳（CO）≤30mg/m^3，氧（O_2）19.5%～21%，C_2H_2≤0.2%。防范措施：安全隔离、关闭送气盲板阀、进行氮气置换、检测分析、保持通信畅通
3		高处作业管理规定	使用全身式安全带，高挂低用，挂靠在固定点
4		临时用电管理规定	电源线要求无破损、漏电保护器完好、距离地面不小于 2m
5	班组建设	电石三车间班组十项制度汇编	1．岗位专责制；2．全员安全生产责任制；3．交接班制；4．巡回检查制；5．经济核算制；6．质量负责制；7．设备维护保养制；8．岗位练兵制；9．文明生产责任制；10．思想政治工作责任制
6	设备设施	工器具管理规定	工器具使用者应熟悉工器具的使用方法，在使用前应进行常规检查，不准使用外观有缺陷等不合格的工器具，外界环境条件不符合使用工器具的要求、使用者佩戴劳动保护用品不符合规定时不准使用，应按工器具的使用方法规范使用工器具，爱惜工器具，严禁超负荷、错用、野蛮使用工器具
7		设备润滑管理规定	严格按照设备润滑卡加油标准执行，按照先加油后填写设备润滑记录，加油完毕后在设备润滑记录本进行准确记录
8		对讲机使用管理规定	对讲机一机一岗专用，班班交接，严禁转借他人，严禁个人携带外出。遵守“谁使用，谁保管；谁损坏，谁负责”的原则，丢失、损坏的，按规定赔偿。严禁使用对讲机进行聊天、说笑，不得用对讲机讲一些与工作无关的事情，严格按照规定频道使用，严禁占用其他频道，或故意扰乱其他频道
9		防雷防静电接地管理规定	检查接地装置连接处是否有松动、脱焊、接触不良的情况。接地装置检查引下线接地连接端所用镀锌螺栓、镀锌垫圈和镀锌弹簧垫圈等部件是否齐全

1.2　五会

1.2.1　会生产操作

1.2.1.1　智能机器人操作

① 检查智能机器人操作台按钮开关是否正常；

② 检查操作台上各摇杆触点是否灵活；

③ 出炉前必须确认智能机器人系统气压正常，铜母线和烧穿器绝缘状况良好，烧穿器铜板与夹持头紧固良好，碳棒长度足够烧穿炉眼，出炉工具完好，确认喷料

堵眼器已经装满破碎合格的物料，料斗密封良好，锁扣紧固，所有工具取放顺畅，上电机构开合正常，挡火门已打开；

④ 钢丝绳摆放到位、无断股现象，地轮牢固灵活；

⑤ 卷扬机卷筒大齿、小齿运转良好；

⑥ 锅底铺垫厚约100mm粉末，小车完好，头、尾车钢丝绳已经连接可靠，尾车处于无负荷状态；

⑦ 烧穿器、炉舌、卷扬机、出炉轨道等出炉设备完好，工作正常；

⑧ 检查视频监控画面是否清晰；

⑨ 通知在场的所有人员离开操作区，进入安全区域。

1.2.1.2　开车操作

（1）出炉操作步骤

烧穿器维护炉眼→钢钎开炉眼→带钎、保持电石流速→扒炉舌→封堵炉眼→清炉舌。

（2）烧穿器使用方法

a. 点击操作台启动按钮，向上扳动开关至“自动”，向上扳动开关扳至“取工具位”，扭动1号“工具位”旋钮抓取烧穿器，到位后向上扳动开关上电，点击触摸屏确认进入烧炉眼模式，向下扳动开关至“人工”，通过左右摇杆控制，进行烧炉眼；

b. 烧炉眼完毕后，退出烧穿器使碳棒离开炉眼外口，将开关向上扳动至自动，向下扳动操作台开关断电，向下扳动操作台开关至“放工具位”，扭动1号工具位旋钮放回烧穿器，智能机器人自动系统回零。

（3）带钎操作

a. 使用智能机器人开炉眼时，按班长指定的出炉时间，尽量使用烧穿器将炉眼烧开，用钢钎带动使电石正常流出，严禁强开炉眼。

b. 向上扳动操作台开关至“自动”，向上扳动操作台开关至“取工具”，抓取5～9号工具钢钎，到位后向下扳动操作台开关至“人工”，用右摇杆调整1轴、3轴位置，找准炉眼位，然后通过左摇杆进行手动带钎作业。或向上扳动操作台开关至“自动”，点击带钎按钮进行自动带钎作业，使电石流出。

c. 当电石流出不畅时，使用钢钎深捅或浅捅，保持电石流速。

d. 当出现夹钎子现象时，必须先浅后深快速带钎，避免钢钎熔断。带钎过程中钎子卡在炉眼时，先手动打开拉钎模式，再使用大车拉出。

（4）扒炉舌操作

a. 当出炉过程中炉舌表面电石积存较多，影响液态电石正常流出时，利用堵头将炉舌表面电石扒出溜槽，使液态电石可以顺利流出。

b. 智能机器人操作：向上扳动操作台开关至“自动”，向上扳动操作台开关至

“取工具”，抓取扒炉舌工具，到位后点击修炉舌按钮进行扒炉舌作业。

（5）封堵炉眼操作

a. 先用烧穿器找正炉眼位进行维护，外口 300mm、内径 100mm、深度 400mm 以上；

b. 封堵炉眼前，先提前备好破碎合格的物料，装满堵眼器料斗，向上扳动开关；

c. 调整至“自动模式”，向上扳动开关，扳动“堵眼器”工具按钮，抓取工具，自动运行到位后，向下扳动开关，调至“手动模式”，使用右侧摇杆调整合适位置，使用左侧摇杆向前移动大车，调整堵眼器与炉眼距离，喷入物料封堵炉眼。

（6）清理炉舌操作

a. 电石炉在封堵炉眼后 15～30min 内，由操作工操作智能出炉机器人对炉舌进行清理；

b. 清理炉舌时炉眼下方必须为空锅，严禁在满锅上清理炉舌；

c. 严禁用清理炉舌工具强行清理炉舌根部电石；

d. 向上扳动操作台开关至“自动”，向上扳动操作台开关取工具，抓取工具钢钎，到位后向下扳动操作台开关至“人工”，用右摇杆调整 1 轴、3 轴位置，找准位置，然后通过调整左摇杆进行清炉舌作业。

（7）炉舌维护要求

a. 每周对电石炉炉舌根部使用电极糊进行维护保养，每次维护前将炉舌根部电石清理干净，铺垫 30mm 厚的电极糊粉末；

b. 电石炉在日常维护炉眼时，炉舌根部必须留有 3cm 厚的硬化保护层；

c. 出炉前对炉门框及炉舌进行检查，发现炉门框护板烧损或脱落、炉舌烧损严重的，不允许出炉，应及时上报车间进行修复。

（8）智能机器人采样操作

向上扳动操作台开关至“自动”，向上扳动操作台开关至“取工具位”抓取采样工具，到位后点击进入屏幕控制，点击“采样动作”按钮进行采样，取样后将采样工具放回工具架上。

（9）自动挡火门操作

a. 自动挡火门操作方法：点击智能出炉机器人操作界面中“屏幕控制”，长按“挡火门开启”“挡火门关闭”进行挡火门开关操作。

b. 在出炉过程中发生电石炉炉眼喷料时，立即将智能出炉机器人归零，关闭挡火门。

c. 智能出炉机器人使用烧穿器维护炉眼时，严禁操作挡火门。

d. 智能出炉机器人检修、维护保养或打扫智能出炉机器人卫生时必须关闭挡火门。

（10）清理轨道操作

a. 在电石炉出炉结束后，需冷却 40min 以上，方可清理该炉眼下方轨道；

b. 在进行清理轨道作业前，作业人员需确认炉眼封堵是否安全可靠；

c. 在进行清理轨道作业时，严禁运行该炉眼卷扬机，必须摘除小车钢丝绳环扣；

d. 清理轨道时严禁维护炉眼及清理炉舌作业，清理轨道人员密切观察炉眼情况，防止跑眼。

（11）工具校点操作步骤

a. 先自动抓取需要校点的工具，待智能机器人自动到位后点击停止按钮；

b. 点击进入手动操作界面，将各轴手动操作速率改为 10～20r/min，根据现场指挥人员提示进行微调操作，待 1～5 轴位置调整合适后，6 轴伸出至力矩 70%～80% 为宜，长按工具夹关 3s，看工具夹关位是否有信号，有信号表示校点成功，并点“确认”保存两遍，然后点击触摸屏左上角返回；

c. 点击进入示教操作，长按相应的工具位编号 2s，点击确认，保存两次，保存完毕后点击触摸屏左上角返回；

d. 进入手动操作界面，长按工具夹开 3s，待工具夹开位有信号后，6 轴手动缩回至 6 轴安全位。

（12）更换工具作业流程

需要更换工具时先点击进入系统参数设置，将转速设置为 15r/min，然后进行拆工具作业。

a. 点击触摸屏拆工具作业，点击欲操作工具编号下方白框，输入需要更换的工具编号。

b. 长按放入拆工具位 3s，智能机器人自动运行将需要更换的工具放入拆工具位。

c. 工具更换或修复完毕后，长按放回原位置 3s，智能机器人自动运行将工具放回原位置。

d. 烧穿器拆卸方法：自动运行取烧穿器到位后，将碳棒、母线电缆拆卸，进入拆卸工具画面进行 1 号工具拆卸，将烧穿器自动拆卸至拆卸工具位置；更换完毕后，自动运行状态下，在拆卸画面内将烧穿器从拆卸工具位放回工具准备位，将母线电缆安装后放回烧穿器即可。

（13）使用炉渣垫锅底要求

a. 操作人员在电石起吊后及时进行垫锅底操作，利用电石锅内余热尽可能将炉渣烘干，防止因炉渣含水量大，造成出炉时电石翻锅现象；

b. 夹吊电石操作人员在使用炉渣垫锅底前，对炉渣干湿情况进行查看，在出炉过程中出现翻锅等情况，停止使用，再立即调整；

c. 现场人员在出炉过程中与电石满锅保持安全距离，在现场指定位置指挥操作，防止电石翻锅，造成人员烫伤。

（14）打扫出炉轨道卫生操作

a. 打扫出炉小车轨道卫生时，通知班长，由卷扬机操作人员对卷扬机进行急停挂牌警示；

b. 由打扫卫生人员将钢丝绳从头车取下，通知班长进行确认；

c. 轨道卫生打扫严禁与吊装作业同时进行；

d. 完毕后将钢丝绳挂好，并通知卷扬机操作人员恢复卷扬机运行；

e. 打扫出炉小车轨道卫生期间，任何人不得以任何理由启动出炉卷扬机。

（15）智能机器人停车操作

a. 确认工具夹无工具，智能机器人在系统回零状态，操作台点击停止按钮，断开钥匙开关，断开控制柜总电源，放置“有人工作，禁止操作”警示牌。

b. 在智能机器人活动区域内除出炉轨道、地轮更换检修作业不需要断电，其他检修作业按照《新疆中泰矿冶有限公司电石厂停送电操作管理规定》进行停送电作业。

（16）卷扬机操作

a. 启动卷扬机前清理轨道两侧人员，钢丝绳运行过程中，人员与钢丝绳保持5m以上的安全距离。

b. 卷扬机在工作中要听从指挥人员的信号，信号不明或可能引起事故时，应暂停操作，与指挥人员联系，弄清情况后方可继续作业。

c. 在卷扬机反转松钢丝绳作业中必须由两人配合，一人操作，另一人拉出松动的钢丝绳，严禁单人作业。

d. 钢丝绳在滚筒上缠绕不合理应立即停止卷扬机运转，将钢丝绳缠绕合理后方可启动卷扬机作业。

e. 卷筒钢丝绳缠乱时，必须由两人配合缠绕，一人操作，另一人在5m以外用手引导，严禁一人用手拉、脚踩引导缠绕，防止发生机械伤害事故。

1.2.2 会异常分析

出炉设施异常情况见表1-7。

表1-7 出炉设施异常情况一览表

异常情况	存在的现象	原因分析	处理措施
堵眼器故障	堵炉眼过程中堵眼器料渣未喷出	1. 料渣颗粒大，堵塞料斗出口 2. 电磁阀信号故障 3. 气源压力不足	1. 使用破碎粒度合格的电石渣（20～40mm） 2. 联系仪表检查修复 3. 检查气源压力是否正常
智能机器人无法动作	1. 电机保护回路故障 2. 电机禁能 3. 伺服故障	智能机器人在抓取工具、带钎作业过程中电机过电压，伺服电机过电流	先断开钥匙开关拔出网线，等待10s后接通开关，待触摸屏启动后显示从站数据丢失，先复位再插入网线

续表

异常情况	存在的现象	原因分析	处理措施
安全光电报警	安全光电报警，智能机器人无法动作	1．安全光电信号线故障 2．因外界原因导致安全光电对射不成功，信号灯异常 3．智能机器人在启动状态下，操作工进入智能机器人操作区域，或有物体遮挡信号线	1．联系机器人仪表工检查信号线 2．联系班长调整安全光电角度，使信号灯显示正常，然后按下现场复位按钮 3．联系班长确认操作区域无人后现场进行复位
工具夹爪信号异常	工具夹爪开关无信号	1．气源压力不足 2．工具夹爪信号线故障 3．工具点位错误	1．通知出炉班长检查气源管有无漏气或气源压力是否正常 2．通知仪表工检查信号线接触是否良好、有无破损或断裂，进行修复
PLC 连接失败	智能机器人无法启动	1．网线接触不良 2．光纤转换器故障	通知仪表工排除故障
炉底温度超标	炉底温度高、发红	1．长期电极插入过深 2．长期炉底通风道堵塞，不通风，导致炉底温度过高 3．炉底砌筑质量不合格	1．严格控制电极工作端长度，保证合适入炉深度 2．经常检查炉底通风情况，保证炉底温度不要过高
出炉困难	1．电石流出困难，发黏 2．电石流出困难且伴有渣子 3．炉眼冒火，无电石流出	1．炉料配比过高 2．炉料配比过低，且入炉较浅 3．炉眼位置过高或过低	1．适当降低炉料配比 2．适当提高炉料配比，加强出炉 3．调整眼位
炉眼堵不上	出完炉无法封堵炉眼	1．炉内温度低，电石发气量低 2．炉眼维护不好	1．调整配比，提高炉温 2．按照要求的尺寸维护炉眼
跑眼	电石突然从炉眼流出	1．炉眼深度过浅，在铁水冲击下跑眼 2．发气量过低，电石浓度低 3．炉眼维护不好，有凹槽 4．岗位人员责任心不强，操作技能差 5．炉内积存电石过多	1．加强炉眼维护 2．及时调整炉料配化，提高电石质量，稳定料层结构，稳定负荷 3．加强堵眼技能培训及岗位练兵，提高操作技能水平 4．每炉按出炉时间节点进行出炉操作，达到物料平衡
炉眼上方冒火	炉眼上方形成空洞，持续向外冒火	1．炉眼维护不到位 2．炉眼上方料面结壳	1．炉眼封死，重新开炉眼 2．处理料面时着重处理冒火上方料面
炉眼打不开	烧穿器烧不开炉眼	1．炉内温度低 2．炉底积存杂质多，炉底升高	调整配比，提高炉温
炉眼不畅通	带钎过程中夹钎	1．炉内温度低 2．找错眼位 3．炉眼维护不到位	1．调整配比，提高炉温 2．重新维护炉眼
小车掉道	1．拉锅过程中小车偏离轨道 2 卷扬机对拉	1．外车轮损坏 2．轨道损坏 3．轨道中有异物，将小车翘起 4．钢丝绳未挂至地轮	出现小车掉道，严禁强行拉锅，待电石冷却后，用叉车进行处理

续表

异常情况	存在的现象	原因分析	处理措施
流轨道	液态电石流入轨道	1．出炉完毕后，炉眼下方未放置备锅，跑眼导致电石流入轨道 2．出炉过程中，未及时拉锅，导致电石流入轨道 3．出炉过程中，电石锅锅底烧损，导致电石流入轨道 4 出炉过程中因卷扬机、钢丝绳、小车故障，未及时封堵炉眼，导致电石流入轨道	1．出现流轨道，电石炉及时降负荷，待电石冷却后进行清理 2．出炉完毕后，炉眼下方必须放置备锅 3．出炉前检查电石锅、小车、地轮、轨道及钢丝绳，发现异常及时处理，未处理完毕，禁止出炉 4．出炉过程中认真查看电石液面情况，及时拉锅

1.2.3 会设备巡检

1.2.3.1 巡检路线

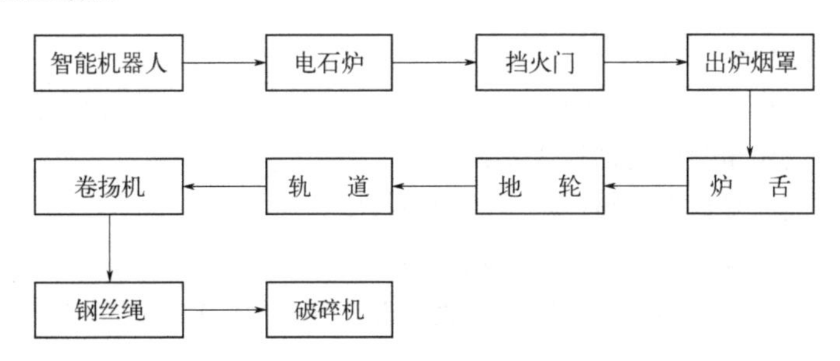

1.2.3.2 设备巡检内容及判定标准

设备巡检内容及判定标准见表1-8。

表 1-8　设备巡检内容及判定标准一览表

设备名称	巡检内容	判定标准	巡检周期
卷扬机	1．检查钢丝绳缠绕是否规整 2．有无漏油现象 3．钢丝绳是否存在断股现象 4．卷扬机各部件是否润滑 5．制动装置是否磨损 6．各部位螺栓是否紧固	1．钢丝绳缠绕整齐 2．减速机抗磨液压油无渗漏 3．钢丝绳无断股 4．各部件按周期和加油标准润滑 5．各部位螺栓无松动现象	2h/次
破碎机	1．地脚螺栓是否紧固 2．本体声音是否正常 3．传动带是否完好	1．地脚螺栓无松动现象 2．本体无异常声音 3．传动带完好	4h/次
智能机器人	1．大车齿轮润滑是否正常 2．各部位螺栓是否紧固 3．工具架是否完好 4．传动链条松紧度是否正常 5．护罩是否完好 6．小车间距是否符合使用要求 7．烧穿器是否完好，螺栓是否紧固	1．大车齿轮润滑良好 2．各部位螺栓无松动现象 3．工具架完好 4．传动链条松紧度正常 5．护罩完好 6．小车间符合使用要求 7．绝缘良好，母线螺栓无松动	2h/次

续表

设备名称	巡检内容	判定标准	巡检周期
储气罐	1. 容器铭牌、漆色及标志是否完好；设备外观是否完好 2. 设备有无异常声响 3. 设备基础是否完好 4. 安全阀是否在有效期内 5. 压力表是否在有效期内、表盘是否清晰	1. 铭牌清晰，漆色完整，标志明显 2. 无明显裂纹、腐蚀、变形及损伤 3. 无异常振动、摩擦及响声 4. 支撑牢靠，基座、基础完整，不下陷，螺栓齐全 5. 根部阀常开并锁死，定期校验 6. 压力表完好，量程合理，定期校验，并在有效期内	8h/次

1.2.4 会风险辨识

1.2.4.1 LEC 辨识方法

LEC 法风险评价公式： $D = L \times E \times C$

式中 D——危险（风险）等级；

L——发生事故的可能性大小；

E——人体暴露在危险环境中的频繁程度；

C——一旦发生事故会造成的损失后果。

LEC 参考值见表 1-9、危险等级分值见表 1-10、风险控制见表 1-11。

表 1-9 LEC 参考值一览表

L 的取值参考		*E* 的取值参考	
事故发生的可能性大小	分值	人体暴露于危险环境中的频繁程度	分值
完全可以预料	10	连续暴露	10
相当可能	6	每天工作时间内暴露	6
可能，但不经常	3	每周一次，或偶然暴露	3
可能性小，完全意外	1	每月一次暴露	2
很不可能，可以设想	0.5	每年几次暴露	1
极不可能	0.2	非常罕见的暴露	0.5
实际不可能	0.1		

表 1-10 危险等级分值表

C 的取值参考		*D* 值判断危险程度		
发生事故产生的后果	分值	*D* 值	危险程度	危险等级
大灾难，许多人死亡	100	$D>320$	极其危险，需立即停止作业和停产、停车整顿整改	极其危险（特大）

续表

C的取值参考		D值判断危险程度		
发生事故产生的后果	分值	D值	危险程度	危险等级
灾难，数人死亡	40	160<D≤320	高度危险，要立即整改	高度危险（重大）
非常严重，一人死亡	15	70<D≤160	显著危险，需要及时整改	显著危险（中度）
严重，重伤/职业病（多人）	7	20≤D≤70	一般危险，需要注意和观察	一般危险（可容许）
重大，致残/职业病（一人）	3	D<20	稍有危险，注意防范	稍有危险（可忽略）
轻微、仅需要救护/职业性多发病	1			

表 1-11　风险控制一览表

风险控制的依据是风险程度的大小		
风险度D	等级	风险控制说明
D>320	极其危险（特大）	立即制定紧急措施整改，并对改进措施、实施效果进行评估。在采取措施降低危害前，不能继续作业
160<D≤320	高度危险（重大）	应立即采取措施降低风险，并建立、保持运行控制程序，有效控制风险。对程序的执行情况进行定期检查、测量及评估
70<D≤160	显著危险（中度）	建立、健全运行控制程序，将危害控制在可接受的范围内。定期对其适用性、有效性进行评估，并加强员工培训及沟通
20≤D≤70	一般危险（可容许）	对现行控制程序可做必要的补充修改，对其适用性、有效性进行评估，并定期检查
D<20	稍有危险（可忽略）	继续保持现有控制措施，并定期检查

1.2.4.2　JSA 辨识方法

工作安全分析（JSA）是一种常用于评估与作业有关的基本风险分析工具，是有组织地对工作的危害进行识别、评估和制定控制措施的过程，是消除工作风险的一种有效方法，从而确保风险得到有效的控制。

工作安全分析表详细见表 1-12。

（1）JSA 管理流程

a. 成立 JSA 小组。JSA 小组组长：属地单位负责人指定，通常是由完成工作任务的班组长担任，必要时由技术或设备负责人担任。JSA 小组成员：应由管理、技术、安全、操作等 3～5 名人员组成。

b. 根据工作任务确定小组成员。JSA 小组成员具备的能力：熟悉 JSA 方法；了解工作任务、区域环境和设备；熟悉相关的操作规程。

（2）JSA 实施步骤

a．把工作分解成具体工作任务或步骤（不可过于笼统、过于细节化，可参照原来的标准操作程序进行确认步骤）；

b．观察工作的流程，识别每一步骤相关危害（物理危害、化学危害、生物危害、心理生理危害、行为危害、环境危害）；

c．评估风险（低风险、一般风险、较大风险、重大风险）；

d．确定预防风险的控制措施（许可证审批、规范操作、通风置换、监控取样、技术控制、安全交底、应急处置、个人防护、监督检查）。

表 1-12　工作安全分析（JSA）表

<table>
<tr><td>部门</td><td colspan="2">电石三车间</td><td>工作任务简述</td><td colspan="2">更换炉舌</td></tr>
<tr><td>分析人员</td><td colspan="2">蒿某</td><td>许可证</td><td>检修作业票、检修安全方案、生产装置检维修交接单、高处作业票、冷却记录、固定动火、临时用电</td><td rowspan="2">特种作业人员是否有资质证明：☑是　☐否</td></tr>
<tr><td>相关操作规程</td><td colspan="2">☐有　☑无</td><td>有无交叉作业</td><td>☑有　☐无</td></tr>
<tr><td colspan="2">工作步骤</td><td colspan="2">危害描述（后果及影响）</td><td>控制措施</td><td>落实人</td></tr>
<tr><td colspan="2">炉眼停止出炉并冷却</td><td colspan="2">炉眼未完全冷却导致炉眼跑眼存在灼烫的风险</td><td>炉眼冷却 4h，炉眼用岩棉进行填塞</td><td>李某</td></tr>
<tr><td colspan="2">悬挂吊葫芦</td><td colspan="2">登高作业未佩戴安全带会发生高处坠落的风险</td><td>检查安全带完好，高挂低用</td><td>李某</td></tr>
<tr><td colspan="2">维修人员拆除炉舌</td><td colspan="2">吊耳、吊具不牢靠会发生物体打击的风险</td><td>检查吊耳，焊接牢固，检查吊葫芦完好，吊装作业时下方周围人员撤离</td><td>李某</td></tr>
<tr><td colspan="2">拆除吊葫芦</td><td colspan="2">登高作业未佩戴安全带会发生高处坠落的风险</td><td>检查安全带完好，高挂低用</td><td>李某</td></tr>
<tr><td colspan="2">机器人操作工维护炉眼根部</td><td colspan="2">未开烟罩维护导致现场烟尘较大，环境污染</td><td>打开烟罩，对炉舌根部进行维护</td><td>李某</td></tr>
<tr><td colspan="2">悬挂吊葫芦</td><td colspan="2">登高作业未佩戴安全带会发生高处坠落的风险</td><td>检查安全带完好，高挂低用</td><td>李某</td></tr>
<tr><td colspan="2">维修人员安装炉舌</td><td colspan="2">吊耳、吊具不牢靠会发生物体打击的风险</td><td>检查吊耳，焊接牢固，检查吊葫芦完好，吊装作业时下方周围人员撤离</td><td>李某</td></tr>
<tr><td colspan="2">进行焊接加固</td><td colspan="2">电焊机未接漏电保护导致触电、小车钢丝绳未拆除造成机械伤害</td><td>1．电源线接漏电保护，炉舌根部焊接支撑，焊缝满
2．在焊接期间拆除小车钢丝绳</td><td>李某</td></tr>
<tr><td colspan="2">属地设备员进行验收</td><td colspan="2">电石不能完全流入电石锅内，使用寿命短</td><td>验收安装的垂直与水平、根部与底座平行度</td><td>李某</td></tr>
<tr><td colspan="2">应急措施</td><td colspan="4">1．现场指派专人监护，如遇电石跑眼流出，检修及监护人员及时撤离，封堵炉眼
2．如遇炉门框漏水，检修及监护人员及时撤离，通知关闭炉门框水阀
3．如遇人员灼烫、中暑等情况，现场人员应及时应急处理，并送往医务室</td></tr>
<tr><td>参与交底人员</td><td colspan="5">焦某、马某、朱某</td></tr>
</table>

1.2.4.3 SCL 安全检查表法

安全检查表法（SCL）运用工程的方法，发现系统以及设备、机器装置和操作管理、工艺、组织措施中的各种不安全因素，列成表格进行分析。

安全检查见表 1-13。

（1）安全检查表的编制

安全检查表应列举需查明的所有会导致事故的不安全因素。它采用提问的方式，要求回答“是”或“否”。“是”表示符合要求；“否”表示存在问题，有待于进一步改进。所以在每个提问后面也可以设改进措施栏。每个检查表均需注明检查时间、检查者、直接负责人等，以便分清责任。安全检查表的设计应做到系统、全面，检查项目应明确。

（2）编制安全检查表主要依据

a．有关标准、规程、规范及规定。

b．国内外事故案例。

c．通过系统分析，确定的危险部位及防范措施，都是安全检查表的内容。

d．研究成果，最新的知识和研究。

表 1-13　安全检查表（SCL）

序号	检查部位	检查内容	检查结果（是√或否×）	检查时间	检查人员	负责人	检查情况及整改要求	备注
1	电石炉一楼	现场警示牌悬挂顺序是否规范（黄红蓝绿）	×	××××-××-××	张某	李某	9 号炉出炉机器人护栏警示标识顺序错误，属地车间按照黄红蓝绿顺序进行调整	
2	电石炉一楼	现场警示标识中心点位置离地面悬挂高度是否在 1.5～1.8m 之间	×	××××-××-××	张某	李某	12 号炉底风机现场警示标识悬挂高度低于 1.5m，属地部门按照警示标识悬挂高度标准重新悬挂	
3	电石炉一楼	电石炉炉底门口是否悬挂受限空间提示牌	√	××××-××-××	张某	李某		
4	电石炉一楼	电石炉炉墙是否挂置当心烫伤警示牌	×	××××-××-××	张某	李某	11 号炉炉体周围未挂置当心烫伤警示牌，一楼出炉期间存在人员灼烫风险，按照要求在车间所有炉体挂置当心烫伤警示牌	
5	电石炉一楼	电石炉炉底照明是否通电完好	√	××××-××-××	张某	李某		

续表

序号	检查部位	检查内容	检查结果（是√或否×）	检查时间	检查人员	负责人	检查情况及整改要求	备注
6	电石炉一楼	电石炉炉底风机是否送电正常使用	√	××××-××-××	张某	李某		
7	电石炉一楼	干粉灭火器压力是否正常在绿色区域1.0～1.4MPa范围	×	××××-××-××	张某	李某	10号炉一楼35kg干粉灭火器压力失压，指针未在绿色区域范围内，要求进行更换充装，确保消防设施完好	
8	电石炉一楼	电石炉卷扬机是否安装防对拉报警装置	√	××××-××-××	张某	李某		

1.2.5 会应急处置

1.2.5.1 系统停车应急处置

出炉冷却设备大量漏水应急处置见表1-14。

表1-14 出炉冷却设备大量漏水应急处置卡

突发事件描述	出炉冷却设备突然大量漏水		
工序名称	出炉岗位		
岗位	出炉工	危险等级	中等
主要危害因素	1. 作业人员未按要求穿戴劳动防护用品，未与高温设备保持安全距离 2. 作业过程中未佩戴全套劳动防护用品，赤手接触高温物体表面		
应急注意事项	1. 应急处置前必须对电石炉进行断电 2. 应急过程中应急人员必须听从统一指挥 3. 应急人员必须规范穿戴好劳动防护用品		
劳动防护用品	安全帽、防尘口罩、工作服、防火手套、隔热面罩		
应急处置措施	1. 紧急停电人员撤离至安全区域	2. 迅速切断漏水部位水源	

续表

应急处置措施	 3．将热锅拉至安全区域内  4．机器人封堵炉眼 5．如遇人员伤亡，请立即拨打公司应急电话（0994-3363076、0994-3363120、0994-3363077）
安全警示标识	

1.2.5.2 人身伤害应急处置

人员中暑应急处置见表 1-15。

表 1-15 人员中暑应急处置卡

突发事件描述	高温环境中长时间作业，造成人员中暑		
工序名称	出炉岗位		
岗位	出炉工	危险等级	中等
主要危害因素	1．作业人员未按要求穿戴劳动防护用品，未与高温设备保持安全距离 2．作业过程中未佩戴全套劳动防护用品		
应急注意事项	1．应急处置前现场配备应急急救药品 2．应急过程中应急人员必须听从统一指挥 3．应急人员必须规范穿戴好劳动防护用品		
劳动防护用品	安全帽、防尘口罩、工作服、防火手套、隔热面罩		
应急处置措施	1．将中暑人员抬至阴凉通风处 2．使中暑人员平卧休息		

续表

应急处置措施	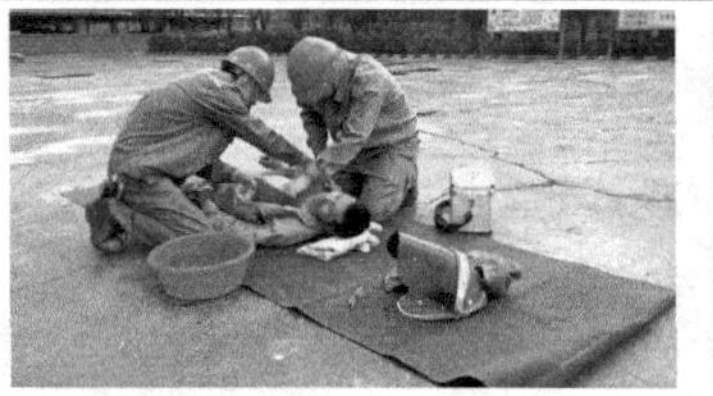 3．使用湿毛巾进行降温 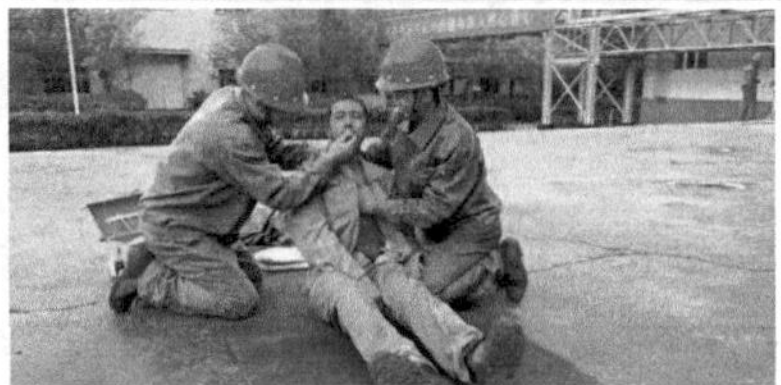 4．服用防暑药品，及时送医救治
安全警示标识	

1.2.5.3 生产装置事故应急处置

① 出炉小车掉道应急处置见表 1-16。

表 1-16 出炉小车掉道应急处置卡

突发事件描述	出炉小车掉道		
工序名称	出炉岗位		
岗位	出炉工	危险等级	中等
主要危害因素	1．作业过程中未佩戴全套劳动防护用品，赤手接触高温物体表面 2．作业过程中人员未按要求站在指定位置拉锅，与运行钢丝绳安全距离不够 3．掉道小车电石锅未冷却，叉车作业存在灼烫风险		
应急注意事项	1．应急处置前现场配备应急工具 2．应急过程中应急人员必须听从统一指挥 3．应急人员必须规范穿戴好劳动防护用品		
劳动防护用品	安全帽、防尘口罩、工作服、防火手套、隔热面罩		
应急处置措施	1．机器人封堵炉眼　2．打开另一个炉眼出炉		

续表

应急处置措施 	  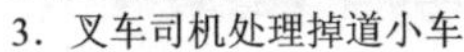 3．叉车司机处理掉道小车　4．恢复正常生产
安全警示标识	

② 钢丝绳断裂应急处置见表1-17。

表1-17　卷扬机钢丝绳断裂应急处置卡

突发事件描述	出炉卷扬机钢丝绳断裂		
工序名称	出炉岗位		
岗位	出炉工	危险等级	中等
主要危害因素	1．作业人员未对卷扬机采取断电措施，存在机械伤害风险 2．作业过程中未佩戴全套劳动防护用品，赤手接触高温物体表面 3．作业过程中人员未按要求站在指定位置拉锅，与运行钢丝绳安全距离不够		
应急注意事项	1．应急处置前现场配备应急工具 2．应急过程中应急人员必须听从统一指挥 3．应急人员必须规范穿戴好劳动防护用品		
劳动防护用品	安全帽、防尘口罩、工作服、防火手套、隔热面罩		
应急处置措施	1．机器人封堵炉眼　2．打开另一个炉眼出炉		

续表

应急处置措施	 3．对卷扬机断电 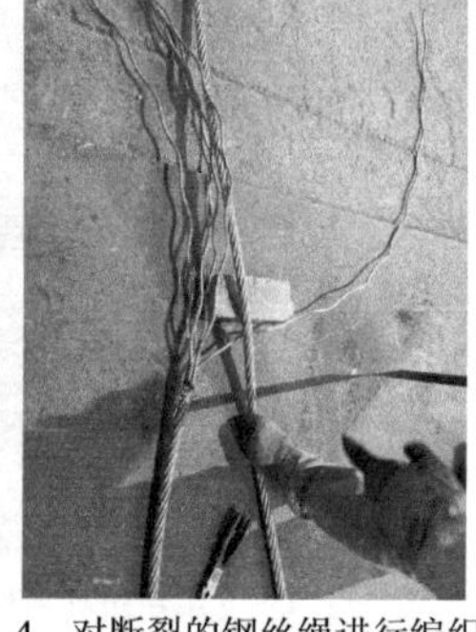 4．对断裂的钢丝绳进行编织
安全警示标识	

③ 卷扬机断电应急处置见表1-18。

表1-18　卷扬机断电应急处置卡

突发事件描述	出炉卷扬机突然断电		
工序名称	出炉岗位		
岗位	出炉工	危险等级	中等
主要危害因素	1．作业人员检查前未确认卷扬机断电情况，卷扬机突然启动 2．作业过程中未佩戴全套劳动防护用品，赤手接触高温物体表面 3．作业过程中人员未按要求站在指定位置拉锅，与运行钢丝绳安全距离不够		
应急注意事项	1．应急处置前禁止私自对设备线路进行检查 2．应急过程中应急人员必须听从统一指挥 3．应急人员必须规范穿戴好劳动防护用品		
劳动防护用品	安全帽、防尘口罩、工作服、防火手套、隔热面罩		
应急处置措施	1．智能机器人封堵炉眼　2．联系电工检查卷扬机		

续表

安全警示标识	

④ 智能机器人断电应急处置见表1-19。

表1-19　智能机器人断电应急处置卡

突发事件描述	智能机器人突然断电		
工序名称	出炉岗位		
岗位	出炉工	危险等级	中等
主要危害因素	1. 作业人员未按要求穿戴劳动防护用品，未与高温设备保持安全距离 2. 设备突然断电后工具未放下，无法紧急封堵炉眼造成电石流轨道 3. 作业过程中人员未按要求对机械设备急停，进入作业区域进行作业		
应急注意事项	1. 应急处置前禁止私自检查传动设备 2. 应急过程中应急人员必须听从统一指挥 3. 应急人员必须规范穿戴好劳动防护用品		
劳动防护用品	安全帽、防尘口罩、工作服、防火手套、隔热面罩		
应急处置措施	1. 电石炉挡位降至一挡 2. 琴式操作台拍急停 3. 智能机器人拍下急停按钮 4. 人工封堵炉眼		
安全警示标识	当心烫伤　当心机械伤人		

1.3 五能

1.3.1 能遵守工艺纪律

出炉岗位工艺纪律见表 1-20。

表 1-20 出炉岗位工艺纪律一览表

序号	工艺生产操作控制
1	严禁人员使用撬杠清理炉舌
2	打样时严禁拉锅作业
3	出炉完炉眼下方必须放备锅
4	液态电石流入轨道或地面，严禁用水降温
5	电石炉出炉结束后，冷却 40min 以上，方可清理该炉眼下方轨道
6	清理轨道作业时炉眼封堵结实，智能机器人拍急停挂牌，小车与钢丝绳脱离
7	机器人作业时严禁关闭挡火门
8	挡火门未关闭时，严禁进入机器人运行区域
9	智能机器人气源压力必须控制在指标范围内

1.3.2 能遵守安全纪律

出炉岗位安全纪律见表 1-21。

表 1-21 出炉岗位安全纪律一览表

序号	安全纪律
1	严禁任何人触碰设备传动部位
2	智能机器人运行过程中人员禁止进入黄线以内
3	钢丝绳运行时人员禁止跨越
4	信号不明禁止拉锅
5	机器人运行时禁止人员敲击钢钎电石渣
6	机器人捣炉舌时，严禁人工捣炉舌
7	机器人抓取工具时禁止人员下方作业
8	清理智能机器人卫生时，必须关闭挡火门，现场拍急停并悬挂标识牌
9	钢丝绳周围有人作业时禁止启动卷扬机
10	出炉作业时人员必须站在指定位置看锅
11	清理轨道时必须摘除钢丝绳环扣
12	智能机器人维护炉眼时禁止人员装渣子
13	上下楼梯必须扶扶手
14	人工捣炉舌时必须佩戴好防护用品，放下面罩

出炉岗位安全纪律示例见图 1-34～图 1-45。

图 1-34　出炉工未按要求看锅图

图 1-35　出炉工进行看锅

图 1-36　跨越运行钢丝绳

图 1-37　停止钢丝绳运行

图 1-38　打扫卫生未取钢丝绳头

图 1-39　打扫卫生将钢丝绳头取下

图 1-40　机器人运行时捣炉舌

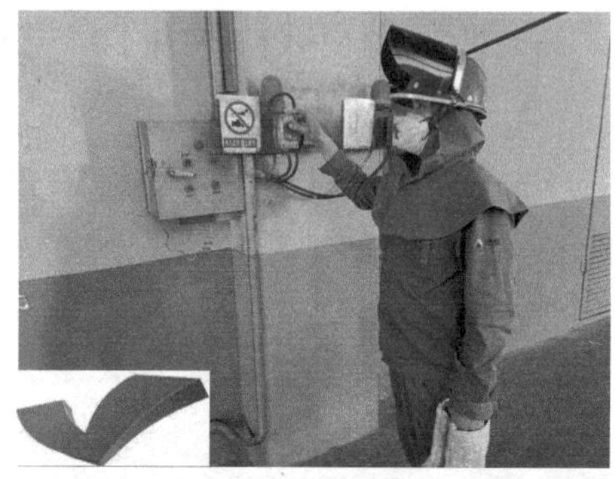

图 1-41　停止机器人运行后人工捣炉舌

图 1-42　进入机器人运行区域

图 1-43　停止机器人运行后进入

图 1-44　清理轨道未摘除钢丝绳环扣

图 1-45　摘除钢丝绳环扣后清理轨道卫生

1.3.3　能遵守劳动纪律

1.3.3.1　能遵守本岗位劳动纪律

出炉岗位劳动纪律见表 1-22。

表 1-22　出炉岗位劳动纪律一览表

序号	违反劳动纪律
1	当班期间玩手机
2	违反生产厂区十四个不准内容
3	违反上岗“十不”内容
4	未严格履行监护人职责
5	没有经过部门领导同意或没有办理续请假手续私自离岗，请假逾期不归
6	在厂区内喝酒闹事、打架斗殴
7	进入生产区域未佩戴安全帽、劳保鞋或所穿戴劳动防护用品不符合规定

出炉岗位劳动纪律示例见图 1-46～图 1-55。

图 1-46　出炉工在岗玩手机

图 1-47　出炉工学习岗位操作

图 1-48　出炉工在岗吃零食

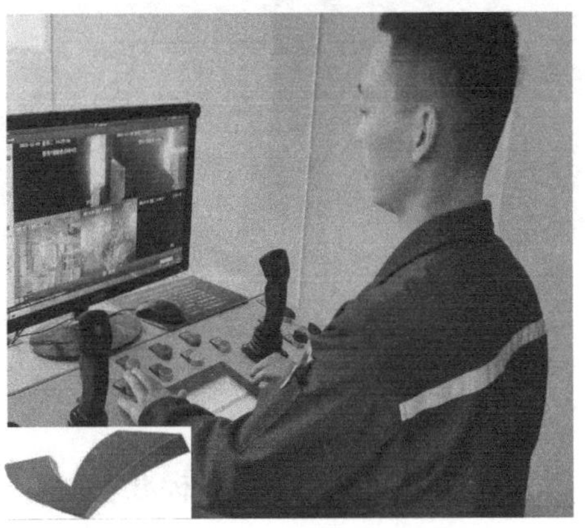

图 1-49　出炉工认真操作出炉机器人

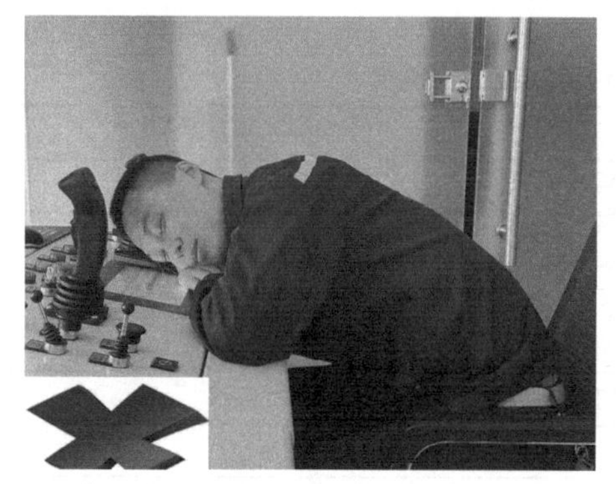

图 1-50　出炉工在岗睡觉

图 1-51　出炉工进行出炉作业

图 1-52　出炉工在监护期间玩手机

图 1-53　出炉工进行监护现场作业

图 1-54　出炉工在岗未佩戴安全帽

图 1-55　出炉工在岗劳保穿戴齐全

1.3.3.2　劳动防护用品配备标准

劳动防护用品配备标准见表 1-23、图 1-56。

表 1-23　出炉岗位防护用品配备标准一览表

配发劳动防护用品种类	发放周期
阻燃服	6 月/套
披肩帽	6 月/件
安全帽	3 年/顶
隔热面罩	6 月/个
防火手套	2 双/月
劳保鞋	4 月/双
N95 防尘口罩	4 只/月
防护眼镜	6 月/副

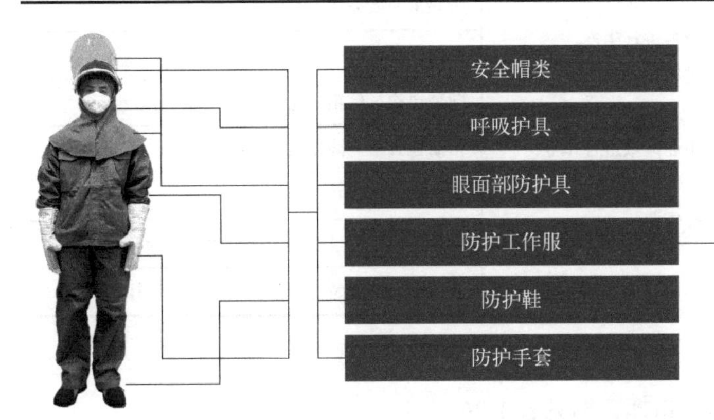

图 1-56　出炉工岗位劳保穿戴图

1.3.4　能制止他人违章

出炉岗位违章行为见表 1-24。

表 1-24　出炉岗位违章行为一览表

违章行为	监督举报	积分奖励
1．动火作业未进行动火分析 2．高处作业未佩戴安全带 3．清理轨道时钢丝绳环扣未摘除 4．作业人员私自修改、篡改作业方案及票证 5．捣炉舌时未按要求佩戴防护面罩 6．清理智能机器人卫生时，未拍急停挂标识牌 7．跨越运行钢丝绳 8．智能机器人抓取工具时下方有人作业 9．清理智能机器人卫生时未关闭挡火门 10．出炉作业时人员未按要求在指定位置看锅 11．智能机器人运行时人员进行填装电石渣 12．破碎电石渣时人员未佩戴防护眼镜	向现场安全人员举报	+1
	告知现场负责人	+1
	批评教育	+2
	现场纠错	+2
	安全提醒	+1
	行为观察	+2
	组织培训	+2
	提供学习资料	+2
	告知违章后果	+2

1.3.5 能抵制违章指挥

出炉岗位违章指挥见表 1-25。

表 1-25 出炉岗位违章指挥一览表

违章指挥	抵制要求
1. 未取样或取样不合格，强令人员进入受限作业 2. 未挂安全带，强令高处作业 3. 未办理票证，强令检修作业 4. 检修人员未撤离，强令投运设备进行生产 5. 劳保穿戴不齐全，强令人员进行作业 6. 强令变更工艺参数 7. 机器人运行时强令人员进入作业区域进行作业 8. 强令人员跨越运行钢丝绳 9. 设备未断电强令人员进行检修作业	抵制违章指挥，坚决不违章操作 撤离现场，不执行违章指挥命令 现场安全提醒，采取纠错 告知车间或公司 监督举报 向公司检举信箱投递 帮助他人，一同抵制违章指挥 现身说法，告知身边人 经验分享，分享抵制违章指挥的行为 参与培训，清楚违章指挥和违章作业行为

反“三违”案例如下。

① 出炉岗位人员违章指挥案例见表 1-26。

表 1-26 出炉岗位人员违章指挥案例

时间	4月2日	地点	某电石炉一楼	部门	电石车间	类型	违章指挥
事情经过 ××年4月2日晚一号炉甲班在封堵二号炉眼时，因炉气较大，致使炉眼难堵。班长戴某先后封堵两次均未堵住，值班长王某见此情况决定自己封堵炉眼。在王某将堵头放进炉眼试探炉眼位置时发生大量高温炉气外喷将王某左面颌及右手腕烫伤							
原因分析 1. 王某对炉眼封堵及出炉情况分析、判断不准确是此次事故的直接原因 2. 炉眼维护不好，炉眼封堵不易找准炉眼，是此次事故的主要原因 3. 防护不到位，安全防范意识欠缺，是次要原因							
整改措施 1. 加强炉眼封堵管理，充分做好出炉前的各项准备工作。炉气大时，必须停止并进行炉眼维护，待压力减小，流速变慢以后，再进行封堵炉眼 2. 各班组指派熟练操作工进行开炉眼作业，维护好炉眼位置，确保炉眼便于封堵 3. 加强员工出炉操作技能培训，确保出炉员工能熟练掌握开炉眼及封堵炉眼的操作方法，切实提高员工操作技能，提升岗位应急处置能力 4. 各级管理人员在现场作业严禁违章指挥，遇到紧急情况必须在落实好安全措施的情况下安排人员进行应急处置							

② 出炉岗位人员违反劳动纪律案例见表1-27。

表1-27　出炉岗位人员违反劳动纪律案例

时间	4月11日	地点	某电石炉一楼	部门	电石车间	类型	违反劳动纪律
事情经过 ××年4月11日，某电石车间出炉工王某，在电石炉担任动火监护人期间未履行监护人职责，在现场打瞌睡							
原因分析 1．班组管理人员日常监督管理不到位，班组缺少相关安全培训 2．监护人王某安全意识淡薄，维修人员在易燃易爆区域进行动火作业，未能监护到位 3．班组内部管理松散，监护人王某于4月11日凌晨3点入睡，导致次日精神较差，在监护现场打瞌睡 4．当班班组长黎某对检维修现场监督管理不到位，对现场危险性未能起到实时监督作用							
整改措施 1．各班组人员合理安排作息时间，严禁在岗期间打瞌睡 2．同宿舍人员做好相互监督工作，时刻提醒岗位人员调整作息时间，杜绝在岗期间精神涣散 3．各班组管理人员加强对现场危险性作业的监督管理工作，对危险性作业区域内进行的动火作业升级管控 4．进行任何检维修作业时必须由专人进行现场监护，落实安全措施，现场监护人严格履行监护人职责，时刻紧盯检修现场，保持头脑清醒，认真落实各项检维修安全措施							

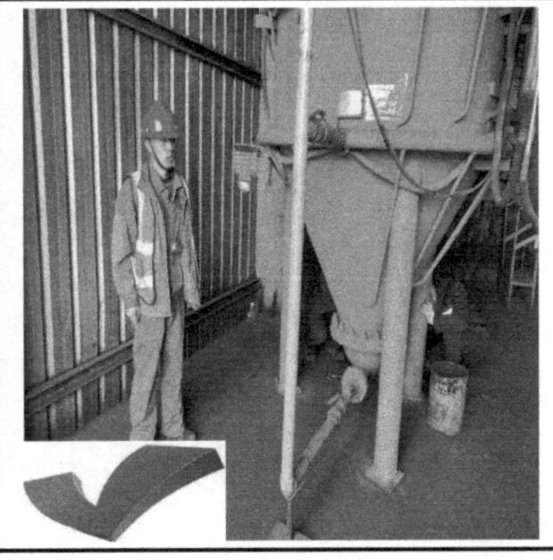

③ 出炉岗位人员违章操作案例见表1-28。

表 1-28　出炉岗位人员违章操作案例

时间	7 月 28 日	地点	电石炉二楼	部门	电石车间	类型	违章操作

事情经过

××年 7 月 28 日凌晨，1 号炉丁班料面工在 1 号炉二楼进行翻撬料面作业，班长在一旁监督。在 2 号操作面进行翻撬料面时，2 号电石炉 2 号电极周围料面发生了塌料，部分高温炉气随之溢出，伴随红料蹦出，造成人员烫伤

原因分析

料层结构不稳定，炉况出现了波动。在为了改善炉况进行翻撬料面操作时，料层发生塌陷，炉气外溢，红料随之喷出造成人员烫伤，是造成本次事故的主要原因

整改措施

1. 切实把好原料质量关，使用粉末低、粒度均匀的石灰，避免造成炉内料面透气性不好，发生料面局部板结现象

2 要切实加强作业现场的监督管理力度，及时掌握电石炉生产情况，在炉况不稳定时，要求车间必须及时做出调整

3. 在电石炉料面透气性较差时，要认真做好扎气放眼、翻撬料面工作

第二章

巡检岗位五懂五会五能

岗位描述：负责电石炉二楼、三楼半、四楼及四楼半的巡检工作，主要开展称量系统校验、钎测电极长度、处理料面、电极压放系统检查、水温测量、料仓料位观察、吊装电极糊、电极糊柱高度测量与电极糊的添加等工作，还有所属区域内异常情况的紧急处置。

2.1 五懂

2.1.1 懂工艺技术

2.1.1.1 工艺特点

电石生产属于重点危险化工工艺，公司电石生产以机械化、自动化、智慧化为主导，目前采用行业内先进的密闭式生产、自动开炉门技术、自动处理料面机、智能巡检机器人、智慧巡检系统、自动检漏装置、自动测压放量及自动测糊柱高度等多个自动智慧化集一体的先进电石生产装置，打造智慧化园区。

2.1.1.2 工艺原理

炉料经过称量系统，按照设定配比通过输料皮带、环形加料机，在刮板的作用下分布至每个料仓内，由料仓下至料管进入到电石炉内，炉料在电石炉内经反应生成电石，电石生产工艺流程请参照图 1-1。

① 主反应生成 CO 气体，是炉气的主要来源。

$$CaO+3C \xrightarrow{1900\sim2200℃} CaC_2+CO\uparrow$$

② 入炉原材料在高温下分解生成 CO_2 气体。

$$CaCO_3 \longrightarrow CaO+CO_2\uparrow$$

③ 各种氧化物杂质被还原生成 CO 气体。

$$SiO_2+2C \longrightarrow Si+2CO\uparrow$$

$$Fe_2O_3+3C \longrightarrow 2Fe+3CO\uparrow$$

$$Al_2O_3+3C \longrightarrow 2Al+3CO\uparrow$$

④ 水分（炭材中的水分）与炉内红热的炭材发生还原反应，生成 CO、H_2 气体。

$$H_2O+C \longrightarrow H_2+CO\uparrow$$

2.1.1.3 基本概念

① 处理料面：使用自动处理料面机翻撬料面，增强料面透气性，检查炉内料层及电极烧结情况的作业。

② 压放电极：根据电极长短及时间规定，利用液压系统下放电极的操作。

③ 电极过烧：由于电极糊挥发分低、灰分高、电极过长、长时间大电流操作、长时间不压放电极、料面温度高、电极底环密封差，导致电极提前烧结的一种现象。

④ 塌料：在生产过程中，炉内高温气体伴随着红料、半成品瞬间从炉内快速喷出的现象。

⑤ 钎测电极：使用钢钎对电极长度进行测量。

⑥ 测量水温：使用测温枪对电石炉通水设备冷却回水进行温度测量。

⑦ 炉内漏水：电石炉冷却设备因绝缘失效连电打火或长时间烧损发生冷却水泄漏。

⑧ 电极软断：电极的烧结速度低于消耗速度或大电流击穿电极筒，造成未烧结完成的电极产生断裂。

⑨ 电极硬断：过烧严重电极或氧化电极从中间产生断裂。

⑩ 电极糊蓬糊：电极筒内电极糊块不能按照正常消耗速度下降，导致块状电极糊出现悬空的现象。

⑪ 设备打火：因电石炉各部位绝缘损坏导致连电打火。

2.1.1.4 工艺指标表

工艺指标详细请参考 1.1.1.4 小节工艺指标表。

2.1.2 懂危险特性

2.1.2.1 过程危险特性

① 塌料：电石炉发生塌料后导致炉气外泄或炉内熔融物喷出。

② 闪爆：电石炉内大量漏水或电极软断等原因导致炉内压力增大，无法泄压，造成炉气及炉内熔融物喷出。

③ 皮带着火：因炉料温度较高，在皮带输送过程中发生火灾。

④ 电极下滑：液压系统失灵、电磁阀故障、夹钳处有油污或夹紧力不足，导致电极下滑。

⑤ 料管打火：料管连接部位绝缘失效，导致连电打火。

2.1.2.2 设备设施危险特性

① 液压油管爆裂导致液压系统失压，造成电极下滑发生电极事故或油品外漏发生火灾事故。

② 大力缸失压造成电极下滑发生电极事故。

③ 触碰运转皮带机导致人员身体部位绞伤。

④ 触碰运转环形加料机靠背轮或轴承箱托轮部位，导致人员身体部位绞伤。

⑤ 电极压放过程中夹钳断裂会造成人员发生物体打击。

⑥ 进行吊装作业过程中吊葫芦钢丝绳断裂会造成人员伤害。

⑦ 同时接触两相电极，会造成人员触电。

2.1.2.3 物质危险特性

① 液压油：具有易燃特性。

② 一氧化碳：无色无味有毒有害气体（接触限值：15～30mg/m^3，1h 内死亡）；易燃易爆（爆炸极限：12.5%～74.2%）。

③ 氢气：易燃易爆（爆炸极限：4.0%～75.6%）。

④ 氮气：惰性气体，吸入可导致窒息。

⑤ 电石：遇水或湿气能迅速产生高度易燃的乙炔气体，在空气中达到一定的浓度时，可发生爆炸性灾害。与酸类物质能发生剧烈反应。

⑥ 乙炔：极易燃气体，即使在没有空气的条件下仍可能发生爆炸反应，一定压力下气体如受热可爆炸。

2.1.2.4 作业环境危险特性

① 粉尘：车间中高浓度粉尘遇明火、电火花易引起燃烧、爆炸。粉尘侵入呼吸系统，会引发尘肺、呼吸系统肿瘤和局部刺激作用等病症。

② 高温：高温天气对人体健康的主要影响是产生中暑以及诱发心、脑血管疾病导致死亡。

③ 一氧化碳：一氧化碳在血液中与血红蛋白结合而造成组织缺氧。长期反复吸入一定量的一氧化碳可致神经和心血管系统损害。

2.1.3　懂设备原理

2.1.3.1　设备类

① 环形加料机见图 2-1 和图 2-2。

图 2-1　环形加料机示意图

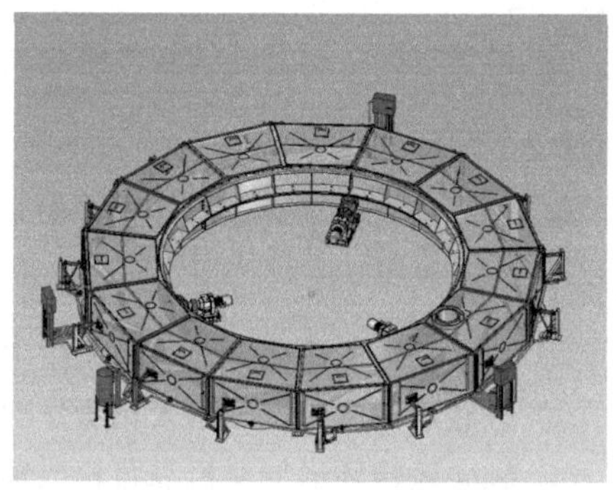

图 2-2　环形加料机结构图

原理：由传动装置、气动装置、机架及导料管等组成，送料信号由料仓上的料位仪给出，每个料仓上部设有一套刮料装置，该刮料装置由气缸推动，可将原料送入料仓内。

功能：用于将原料加入每一个炉顶料仓。

② 皮带机见图 2-3 和图 2-4。

图 2-3　皮带机示意图

原理：由驱动装置拉紧装置输送带中部支架及托辊组成输送带作为牵引和承载构件，借以连续输送散碎物料或成品。

功能：连续输送物料。

③ 振动给料机见图 2-5 和图 2-6。

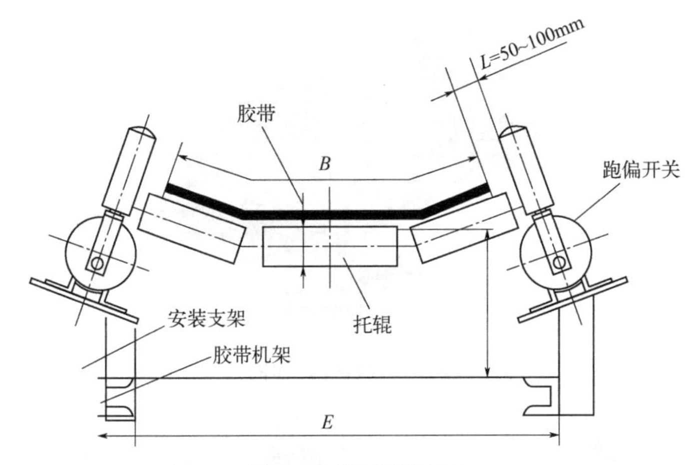

图 2-4　皮带机结构图

图 2-5　振动给料机示意图

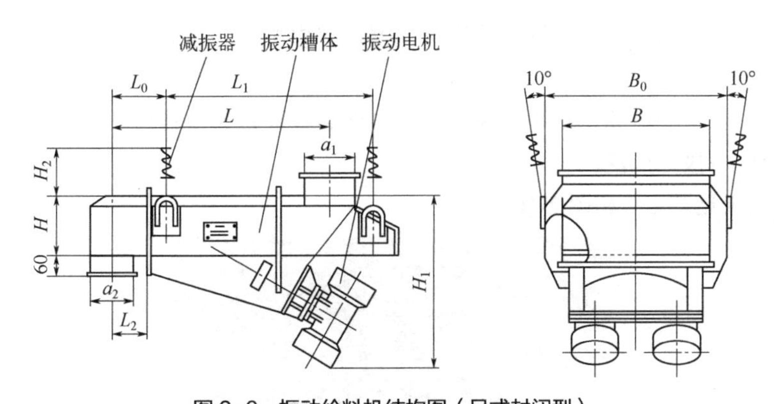

图 2-6　振动给料机结构图（吊式封闭型）

原理：振动给料机是利用振动器中的偏心块旋转产生离心力，使筛箱、振动器等可动部分做强制的连续的圆或近似圆运动。物料则随筛箱在倾斜的筛面上做连续的抛掷运动，并连续均匀地将物料送至受料口内。

功能：将物料从储料仓均匀地送到受料设备中。

④ 减速机见图 2-7 和图 2-8。

图 2-7　减速机示意图

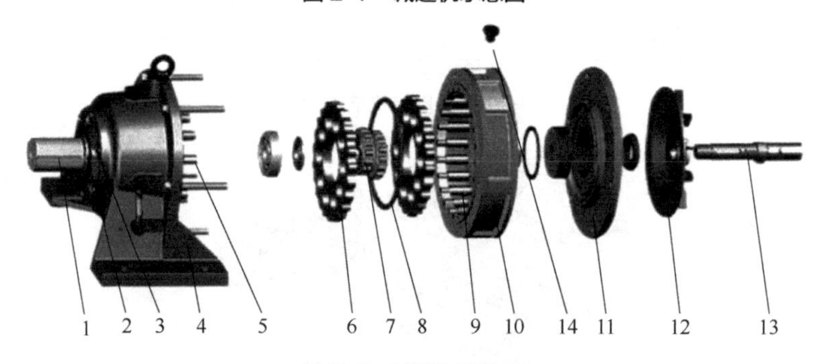

图 2-8　减速机结构图

1—输出轴；2—输出轴紧固环；3—小端盖；4—机座；5—销轴销套；6—摆线轮；7—偏心轴承；8—间隔环；9—针齿销针齿套；10—针齿壳；11—大端盖；12—风叶风罩；13—输入轴；14—通气帽

原理：利用齿轮大小不同和速度转换器，将电机（马达）的回转数减速到自己所要的回转数；并得到较大转矩的机构。

功能：在原动机和工作机或执行机构之间起匹配转速及传递转矩的作用，在现代机械中应用极为广泛。

⑤ 电极见图 2-9 和图 2-10。

图 2-9　电极示意图

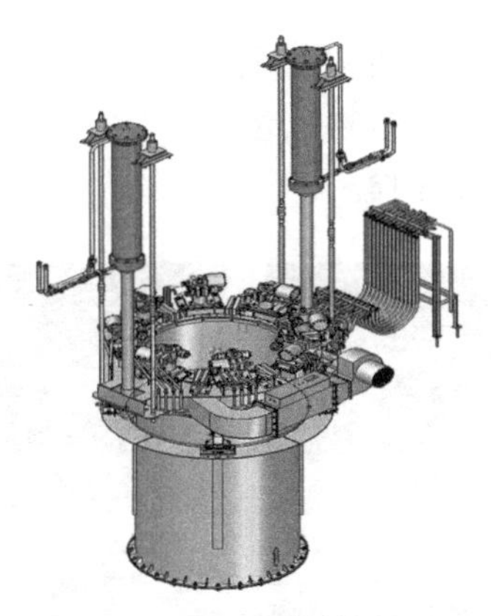

图 2-10　电极结构图

原理：组合式电极柱由上、下两部分组成，将电能转化为热能，把电流源源不断地输送至电石炉中。

功能：送电并调整冶炼电弧长度，匹配电流及电压以达到最佳冶炼效率。

⑥ 单梁行车见图 2-11 和图 2-12。

图 2-11　单梁行车示意图

图 2-12　单梁行车结构图

原理：以电动葫芦作为起升机构的桥式行车。

功能：主要用于不同场合的货物吊运。

⑦ 料面机见图 2-13 和图 2-14。

图 2-13　料面机示意图

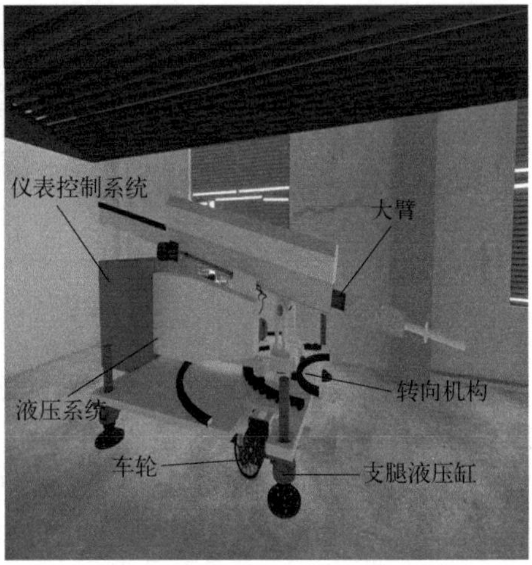

图 2-14　料面机结构图

原理：通过处理料面机控制系统对处理料面机器人的行走、动作、液压系统以及有线或无线操作进行控制，实现料面的翻翘工作。

功能：用于处理料面。

⑧ 气缸见图 2-15 和图 2-16。

图 2-15　气缸示意图

原理：当从无杆腔输入压缩空气时，有杆腔排气，气缸两腔的压力差作用在活塞上形成的力克服阻力负载推动活塞运动，使活塞杆伸出；当有杆腔进气，无杆腔排气时，使活塞杆缩回。

功能：实现低成本的自动控制。

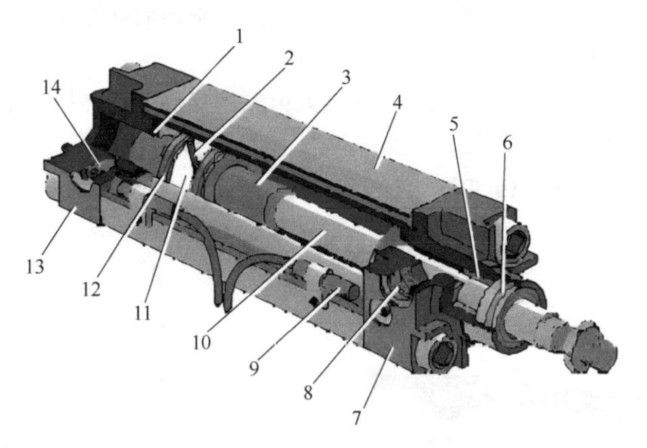

图 2-16 气缸结构图

1—缓冲密封圈；2—磁石；3—缓冲头；4—气缸本体；5—滑动轴承；6—防尘密封圈；7—前端盖；8—前气口；9—感应开关；10—活塞杆；11—活塞密封件；12—导向环；13—后端盖；14—缓冲节流阀

⑨ 加热风机见图 2-17 和图 2-18。

图 2-17 加热风机示意图

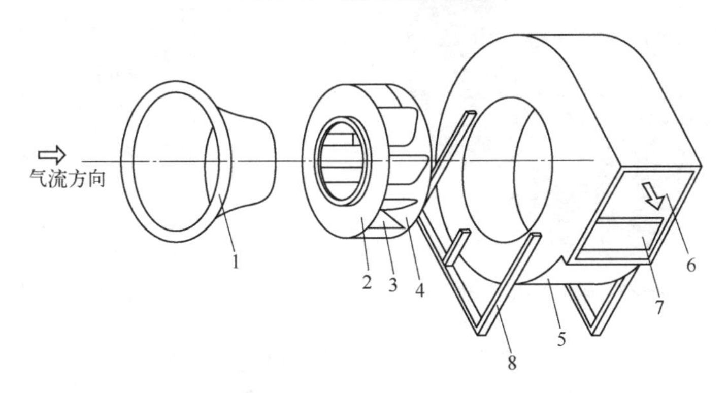

图 2-18 加热风机结构图

1—吸气口；2—叶轮前盘；3—叶片；4—叶轮后盘；5—机壳；6—排气口；7—截流板（风舌）；8—支架

原理：根据动能转化为势能的原理，利用高速旋转的叶轮将气体加速，改变流向，使动能转化为势能。

功能：送风至密封套，防止炉内烟气火苗顺把持器上蹿烧损设备、污染环境、CO 聚集发生闪爆及人员中毒。

⑩ 加热元件见图 2-19 和图 2-20。

图 2-19 加热元件示意图

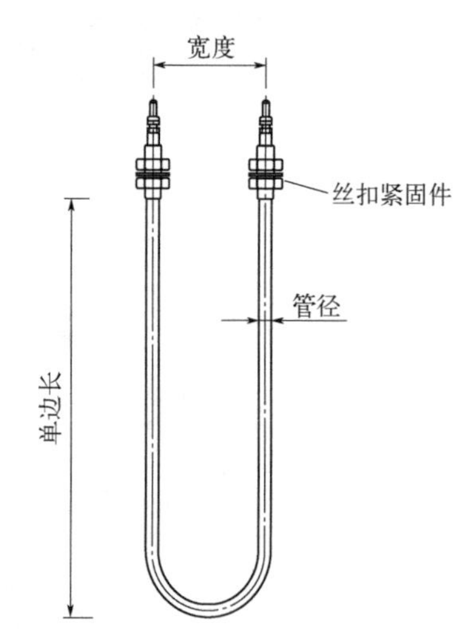

图 2-20 加热元件结构图

原理：将电能转化为热能的元件。

功能：将热风送至电极筒周围防止蓬糊。

⑪ 轴流风机见图 2-21 和图 2-22。

图 2-21 轴流风机示意图

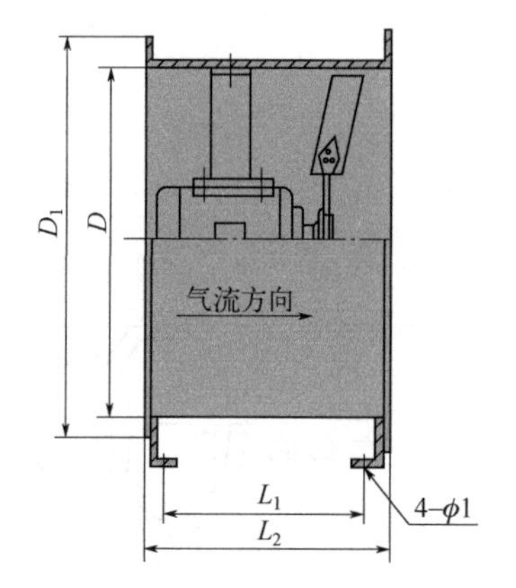

图 2-22 轴流风机结构图

原理：当叶轮旋转时气体从进风口轴向进入叶轮，受到叶轮上叶片的推挤而使气体的能量升高，然后流入导叶。

功能：用于空气不流通场所通风换气。

2.1.3.2 阀门类

① 蝶阀见图 2-23 和图 2-24。

图 2-23 蝶阀示意图

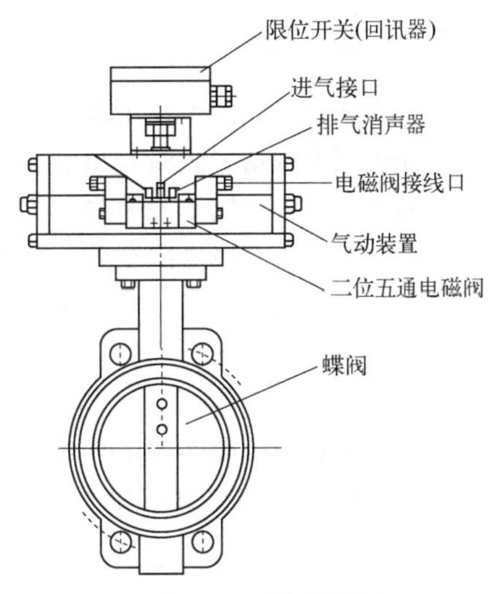

图 2-24 蝶阀结构图

原理：通过旋转阀板来达到开启与关闭为目的的一种阀。

功能：用于调节和截断介质的流动。

② 截止阀见图 2-25 和图 2-26。

图 2-25 截止阀示意图

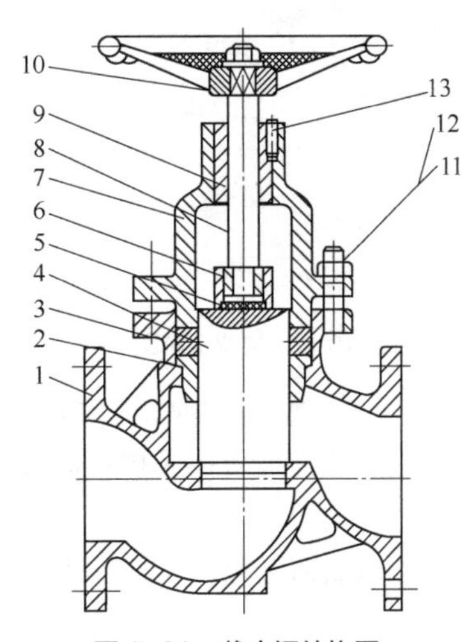

图 2-26 截止阀结构图

1—阀体；2—孔架；3—柔性石墨密封环；4—柱塞；
5—垫片；6—柱螺母；7—阀盖；8—阀杆；
9—盖螺母；10—手轮；11—螺栓

原理：依靠阀杆压力，使阀瓣密封面与阀座密封面紧密贴合，阻止介质流通。

功能：开闭过程中密封面之间摩擦力小，易于流量的调节。

③ 球阀请参照图 1-12 和图 1-13。

2.1.3.3 安全设施类

（1）安全阀请参照图 1-16 和图 1-17。

（2）语音报警仪请参照图 1-20 和图 1-21。

（3）灭火器请参照图 1-22 和图 1-23。

（4）正压式空气呼吸器请参照图 1-24 和图 1-25。

（5）医用氧气瓶请参照图 1-26 和图 1-27。

2.1.3.4 电器仪表类

（1）压力表请参照图 1-30 和图 1-31。

（2）料位仪见图 2-27 和图 2-28。

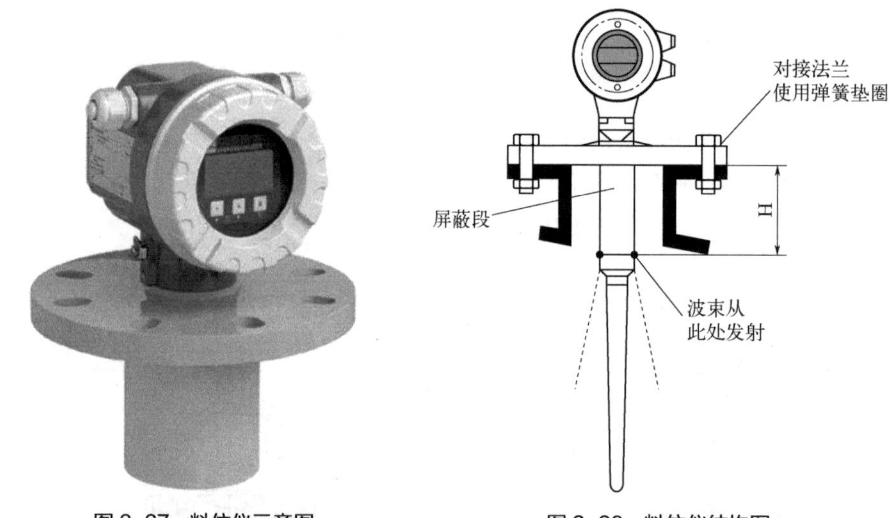

图 2-27 料位仪示意图　　图 2-28 料位仪结构图

原理：高频微波脉冲通过天线系统发射并接收，雷达波以光速运行，运行时间可以通过电子部件被转换成物料信号。

功能：对工业生产过程中封闭式或敞开容器中物料的高度进行检测。

（3）热电偶请参照图 1-28 和图 1-29。

2.1.4 懂法规标准

2.1.4.1 巡检岗位所涉及法律

巡检岗位所涉及法律见表 2-1。《中华人民共和国安全生产法》简称《安全生产法》，《中华人民共和国职业病防治法》简称《职业病防治法》。

表 2-1 巡检岗位所涉及法律一览表

序号	类别	法规标准	适用条款内容
1	人员资质	《安全生产法》	第二十八条 生产经营单位应当对从业人员进行安全生产教育和培训，保证从业人员具备必要的安全生产知识，熟悉有关的安全生产规章制度和安全操作规程，掌握本岗位的安全操作技能，了解事故应急处理措施，知悉自身在安全生产方面的权利和义务。未经安全生产教育和培训合格的从业人员，不得上岗作业
2		《安全生产法》	第三十条 生产经营单位的特种作业人员必须按照国家有关规定经专门的安全作业培训，取得相应资格，方可上岗作业
3		《安全生产法》	第五十八条 从业人员应当接受安全生产教育和培训，掌握本职工作所需的安全生产知识，提高安全生产技能，增强事故预防和应急处理能力
4	应急管理	《安全生产法》	第五十四条 从业人员有权对本单位安全生产工作中存在的问题提出批评、检举、控告；有权拒绝违章指挥和强令冒险作业
5		《安全生产法》	第五十五条 从业人员发现直接危及人身安全的紧急情况时，有权停止作业或者在采取可能的应急措施后撤离作业场所
6		《安全生产法》	第五十九条 从业人员发现事故隐患或者其他不安全因素，应当立即向现场安全生产管理人员或者本单位负责人报告；接到报告的人员应当及时予以处理
7	职业健康	《安全生产法》	第五十三条 生产经营单位的从业人员有权了解其作业场所和工作岗位存在的危险因素、防范措施及事故应急措施，有权对本单位的安全生产工作提出建议
8		《安全生产法》	第五十七条 从业人员在作业过程中，应当严格落实岗位安全责任，遵守本单位的安全生产规章制度和操作规程，服从管理，正确佩戴和使用劳动防护用品
9		《职业病防治法》	第二十二条 用人单位必须采用有效的职业病防护设施，并为劳动者提供个人使用的职业病防护用品

2.1.4.2 巡检岗位所涉及法规标准

巡检岗位所涉及法规标准见表 2-2。

表 2-2 巡检岗位所涉及法规标准

序号	类别	法规标准	适用条款内容
1	培训教育	《新疆维吾尔自治区安全生产条例》	第十四条 生产经营单位应当按照国家有关规定，对从业人员进行安全生产教育和培训，并建立从业人员安全培训档案，如实记录培训时间、内容以及考核情况
2		《安全生产培训管理办法》	第十条 生产经营单位应当建立安全培训管理制度，保障从业人员安全培训所需经费，对从业人员进行与其所从事岗位相应的安全教育培训；从业人员调整工作岗位或者采用新工艺、新技术、新设备、新材料的，应当对其进行专门的安全教育和培训。未经安全教育和培训合格的从业人员，不得上岗作业
3		《生产经营单位安全培训规定》	第十三条 生产经营单位新上岗的从业人员，岗前培训时间不得少于 24 学时

续表

序号	类别	法规标准	适用条款内容
4		《安全生产培训管理办法》	第十八条　安全监管监察人员、从事安全生产工作的相关人员、依照有关法律法规应当接受安全生产知识和管理能力考核的生产经营单位主要负责人和安全生产管理人员、特种作业人员的安全培训的考核，应当坚持教考分离、统一标准、统一题库、分级负责的原则，分步推行有远程视频监控的计算机考试
5		《生产经营单位安全培训规定》	第十七条　从业人员在本生产经营单位内调整工作岗位或离岗一年以上重新上岗时，应当重新接受车间（工段、区、队）和班组级的安全培训 生产经营单位采用新工艺、新技术、新材料或者使用新设备时，应当对有关从业人员重新进行有针对性的安全培训
6		《化工企业急性中毒抢救应急措施规定》	第十六条　凡新入厂或调换新的作业岗位者，均应进行有关安全规程、防毒急救常识等教育。经考试及格后，发给《安全作业证》，才能允许在有毒岗位上作业
7	变更管理	《化工企业工艺安全管理实施导则》	4.4.2 培训管理程序应包含培训反馈评估方法和再培训规定。对培训内容、培训方式、培训人员、教师的表现以及培训效果进行评估，并作为改进和优化培训方案的依据；再培训至少每三年举办一次，根据需要可适当增加频次。当工艺技术、工艺设备发生变更时，需要按照变更管理程序的要求，就变更的内容和要求告知或培训操作人员及其他相关人员
8	职业健康	《用人单位劳动防护用品管理规范》	第九条　用人单位使用的劳务派遣工、接纳的实习学生应当纳入本单位人员统一管理，并配备相应的劳动防护用品。对处于作业地点的其他外来人员，必须按照与进行作业的劳动者相同的标准，正确佩戴和使用劳动防护用品
9		《用人单位劳动防护用品管理规范》	第十二条　同一工作地点存在不同种类的危险、有害因素的，应当为劳动者同时提供防御各类危害的劳动防护用品。需要同时配备的劳动防护用品，还应考虑其可兼容性
10		《用人单位劳动防护用品管理规范》	第十四条　用人单位应当在可能发生急性职业损伤的有毒、有害工作场所配备应急劳动防护用品，放置于现场临近位置并有醒目标识。用人单位应当为巡检等流动性作业的劳动者配备随身携带的个人应急防护用品
11	应急管理	《化工企业急性中毒抢救应急措施规定》	第二十一条　工人操作、检修和采样分析时，要严格执行各项操作规程任何人不得更改。工人有权拒绝执行违反安全规定的指示
12		《化工企业急性中毒抢救应急措施规定》	第九条　有毒车间应备有急救箱，由专人保管，定期检查、补充和更换箱内的药品和器材
13		《生产安全事故应急预案管理办法》	第十五条　对于危险性较大的场所、装置或者设施，生产经营单位应当编制现场处置方案。现场处置方案应当规定应急工作职责、应急处置措施和注意事项等内容。事故风险单一、危险性小的生产经营单位，可以只编制现场处置方案
14		新疆维吾尔自治区《生产安全事故应急预案管理办法》实施细则	第二十七条　生产经营单位应当组织开展本单位的应急预案培训活动，并建立应急预案培训情况记录档案，通过培训使从业人员了解应急预案内容，熟悉应急职责、应急程序和岗位应急处置方案
15		《生产安全事故应急预案管理办法》	第三十一条　生产经营单位应当组织开展本单位的应急预案、应急知识、自救互救和避险逃生技能的培训活动，使有关人员了解应急预案内容，熟悉应急职责、应急处置程序和措施

续表

序号	类别	法规标准	适用条款内容
16		《化工企业急性中毒抢救应急措施规定》	第六条　有毒车间应成立抢救组。100人以上的车间至少有4名兼职救护员；有剧毒车间的企业应配备专职医务人员，昼夜值班，以便发生急性中毒时进行紧急抢救。车间抢救组由车间主任担任组长，安全员、工艺员、救护员、检修班长等参加
17	报警设施	《石油化工可燃气体和有毒气体检测报警设计标准》	有毒气体的一级报警设定值应小于或等于100%OEL，有毒气体的二级报警设定值应小于或等于200%OEL。当现有探测器的测量范围不能满足测量要求时，有毒气体的一级报警设定值不得超过5%IDLH，有毒气体的二级报警设定值不得超过10%IDLH
18	安全生产	《电石生产安全技术规程》	在炉气净化系统开车前，应进行气体置换，含氧量小于1%
19		《电石生产安全技术规程》	系统运行过程应密切监测炉气中各气体含量变化，保证氧气含量小于1%，发现氧气含量突然增加超过规定上限值时，应切断炉气进入巡检的总阀，打开电石炉直排烟囱并停炉检查
20		《电石生产安全技术规程》	运行过程中应保证保护氮气的充足供应，氮气使用压力应大于0.5MPa、含氧量应小于0.5%，氮气压力低于0.3MPa时，应切断炉气进入巡检系统总阀
21		《电石生产安全技术规程》	一氧化碳输送管线及其贮存的设备，应保持严密，在易发生中毒的岗位，应有明显的小心中毒标志

2.1.5　懂制度要求

巡检岗位涉及相关制度见表2-3。

表2-3　巡检岗位涉及相关制度一览表

序号	类别	规章制度	适用条款内容
1	安全环保	动火作业管理规定	动火指标：一氧化碳（CO）浓度≤0.5%；氧含量（O_2）19.5%～21%。防范措施：安全隔离、关闭送气盲板阀、进行氮气置换、检测分析
2		受限空间作业管理规定	受限指标：甲烷（CH_4）≤25mg/m^3，一氧化碳（CO）≤30mg/m^3，氧（O_2）19.5%～21%，C_2H_2≤0.2%。防范措施：安全隔离、关闭送气盲板阀、进行氮气置换、检测分析、保持通信畅通
3		高处作业管理规定	使用全身式安全带，高挂低用，挂靠在固定点
4		临时用电管理规定	电源线无破损、漏电保护器完好、距离地面不小于2m
5	报警设施	关于规范有毒气体规范报警值设定的通知	有毒气体的职业接触限值OEL应按最高允许浓度、时间加权平均允许浓度、短时间接触允许浓度的优先选用
6		可燃、有毒有害气体报警器管理规定	1．可燃气体检测报警仪在仪表通电情况下，严禁拆卸检测器 2．在日常巡回检查时，检查指示、报警系统是否工作正常；经常检查检测器是否意外进水，防止检测元件浸水受潮后影响其工作性能
7	联锁控制	联锁/自控系统管理规定	对联锁/自控系统中存在的问题及时上报管理部门

续表

序号	类别	规章制度	适用条款内容
8	班组建设	电石车间班组十项制度汇编	1．岗位专责制；2．全员安全生产责任制；3．交接班制；4．巡回检查制；5．经济核算制；6．质量负责制；7．设备维护保养制；8．岗位练兵制；9．文明生产责任制；10．思想政治工作责任制
9	设备设施	工器具管理规定	工器具使用者应熟悉工器具的使用方法，在使用前应进行常规检查，不准使用外观有缺陷等不合格的工器具。外界环境条件不符合使用工器具的要求、使用者佩戴劳动保护用品不符合规定时不准使用。应按工器具的使用方法规范使用工器具、爱惜工器具，严禁超负荷、错用、野蛮使用工器具
10		设备润滑管理规定	严格按照设备润滑卡加油标准执行，先加油后填写设备润滑记录，加油完毕后在“设备润滑记录本”进行准确记录
11		对讲机使用管理规定	对讲机一机一岗专用，班班交接，严禁转借他人，严禁个人携带外出。遵守“谁使用，谁保管；谁损坏，谁负责”的原则，丢失、损坏的，按规定赔偿。严禁使用对讲机进行聊天、说笑，不得用对讲机讲一些与工作无关的事情。严格按照规定频道使用。严禁占用其他频道，或故意扰乱其他频道
12		防雷防静电接地管理规定	检查接地装置连接处是否有松动、脱焊、接触不良的情况。接地装置检查引下线接地连接端所用镀锌螺栓、镀锌垫圈和镀锌弹簧垫圈等部件是否齐全

2.2 五会

2.2.1 会生产操作

2.2.1.1 电石炉开车操作步骤

① 属地车间工艺员联系调度通知机修、电仪车间填写检修转生产交接单，确认送电条件并填写开车条件确认卡，配电工联系调度和开关站准备送电；

② 配电工通知净化工投净化；

③ 配电工确认各楼层人员撤离现场；

④ 电极位置提升＞1200mm 以上，防止送电后电流过高，造成开关站跳闸；

⑤ 向调度和开关站申请确认送电；

⑥ 送电后做好相关记录。

2.2.1.2 环形加料机开停机操作

① 本地开机操作步骤：（适用于检修试机、清理皮带卫生时）检修作业完毕→巡检工检查所有设备是否完好→将开关打至本地→依次启动环形加料机、小皮带、可逆皮带、称量系统→实现本地开机操作。

② 本地停机操作步骤：检修试运行完毕→联系巡检工依次停止称量系统、可逆

皮带、小皮带、环形加料机→实现本地停机，环形加料机开机操作。

③ 远程开机操作步骤：当料仓料位低于2.6m时配料工联系巡检工→巡检工接到通知→检查所有设备是否完好→将开关打至远程→联系配电工启动环形加料机→配电工在配料界面点击皮带联锁启动→实现远程操作。

④ 远程停机操作步骤：配料工将料仓料位补满→联系巡检工能否停止环形加料机运行→配料工收到回复→在配料界面点击皮带联锁停止→实现远程停机。

2.2.1.3 荒气烟道蝶阀操作（手动操作）

当出现远程无法及时调整时，与配电工联系后进行手动操作。

① 旋出定位栓，拉起蜗杆；

② 关闭进气阀，打开蝶阀阀体排气阀；

③ 扳动手轮实现手动操作（左开右关）。

2.2.1.4 荒气烟道蝶阀操作（自动操作）

手动操作或设备检修调试结束后，切换为远程自动模式操作步骤：

① 按倒蜗杆，旋紧定位栓，出现卡蜗杆可先活动手轮；

② 关闭阀体排气阀，打开进气阀；

③ 实现自动/远程操作。

2.2.1.5 自动开炉门操作方法

（1）远程操作

a. 电石炉降至“1挡”，确认二楼人员撤离，活动三相电极，炉压显示-100Pa且无波动后，巡检工穿戴好防火服打开自动炉门安全销，站在炉门安全距离，指挥配电工开启炉门；

b. 配电工接到指令后，点击电脑界面“炉门操作”图标，弹出炉门操作对话框后，申请值班长授权，授权完毕配电工选择需要开启炉门，点击“炉门半开”，联系现场人员确认炉门状态，等待10s，现场人员确认炉门无冒火后，指挥配电工点击“炉门全开”，确认炉门全开后进行下一步作业；

c. 现场人员确认炉门可以关闭后，点击相应炉门“炉门全关”，联系人员确认，插上炉门安全销；

d. 所有作业完成后配电工关闭炉门操作对话框；

e. 远程开闭炉门操作，现场必须有人监护，炉门周边有人员作业时，禁止炉门开闭操作。

（2）本地操作

a. 现场操作人员将现场控制箱“远程/本地”旋钮，旋至本地；

b．将控制箱“门锁开关旋钮”旋至打开；

c．将“炉门开关”旋至打开，根据实际所需炉门开度，旋至停止；

d．确认炉门可以关闭后，将“炉门旋钮”旋至关闭，关闭炉门，并插上炉门安全销，操作结束。

2.2.1.6 电极工作端长度测量

① 配电工联系净化工调整炉压准备钎测电极。

② 活动完电极待炉压 0～−30Pa 稳定时，由值班长及巡检工穿戴好防火服站在侧面打开测量孔，使用钢钎插入炉内当感觉触到硬物时，拉回钢钎并向下倾斜再次插入。如此反复，当发现没有接触物碰撞时钢钎向上稍提一个角度，当两次角度小于 1 个角度时，用第二次所测角度计算电极长度。

③ 可根据电极位置确定大概角度，这样可以减少钢钎的消耗，不易烧红。要将硬壳与电极端头区分开。电极工作端长度=角度对应值+电极位置。

④ 确认完角度后必须旋转钢钎，确认角度是否存在偏差，如因钢钎旋转角度发生变化，必须更换合格钢钎，重新测量。

2.2.1.7 电极糊柱高度测量方法

① 使用红外线测距仪照射电极筒内，直到红外线照射至电极糊面，确认测距仪垂直照射；

② 按下红外线测距仪“确定”键，测得电极筒内电极糊面至电极筒上沿距离“L”；

③ 将测距仪放置在电极筒上沿，对地面垂直测量，按下红外线测距仪“确定”键，测得电极筒上沿至加糊平台的距离“h”；

④ 与配电工联系得知该相电极的实时电极位置“d”；

⑤ 将上述数据代入糊柱高度计算公式：糊柱高度 H=加糊平台到地环的距离$-d+h-L$。

2.2.1.8 压放电极操作

巡检人员到电极压放平台时，联系配电工进行压放电极操作，现场巡检人员按压放夹钳的工作顺序对电极压放情况进行检查，并最终确认电极压放刻度及电极压放是否正常，现场巡检人员将压放刻度告知配电工，按实际压放量做好压放记录。

2.2.2 会异常分析

巡检装置异常情况分析见表 2-4。

表 2-4　巡检装置异常情况一览表

异常情况	存在的现象	原因分析	处理措施
电极软断	1．电流突然上升 2．炉盖温度增高 3．电极筒大量冒黑烟 4．炉压急剧升高 5．接触元件水温急剧上升	1．电极烧结不好，电极压放时或压放后未能适当控制电流，以致电流过大，烧坏电极筒造成电极软断 2．焊接电极筒时，焊接质量不好，出现开焊脱落 3．电极糊质量不合格，如挥发分过多、软化点高 4．电极糊加入不及时，加电极糊时糊面过高或过低 5．电极糊块粘连，造成蓬糊 6．压放电极太频繁，间隔时间太短或压放电极后，电极过长，造成软断 7．电极压放速度大于烧结速度 8．电极把持器内温差大，温度控制不当	1．判断为电极软断时，配电工紧急停电，并打开荒气烟道蝶阀，净化工退出净化，立即关闭该相电极的所有循环水阀门 2．不要提该相电极，迅速下降电极，使断头相接后压实炉料，减少电极糊外流 3．扒掉外流的电极糊，进行单相焙烧，若无法相接，扒出电极头，利用开炉焙烧电极方式进行焙烧 4．电极糊填入电极筒内的高度应达到夹紧装置顶部以上 3000mm 5．降至最低挡，软断相电极不动，利用另两相电极控制调节焙烧该相电极
电极硬断	1．电流突然下降后回升 2．炉盖温度突然上升 3．电石炉产生的电弧声异常 4．电流突然下降，或暂时上升后急剧下降	1．电极糊保管不当，灰分量高、黏结性差 2．停炉时电极长期与空气接触，导致氧化 3．接触元件以上的电极糊过热，固体物沉淀，造成电极分层 4．电极糊质量差 5．电极过长，电流过大	1．立即停电，停电前严禁下降电极 2．根据电极长度适当压放电极后重新焙烧 3．如断头过长时，需拉出断头，重新压放电极焙烧
单个循环水管线回水少	循环水管线回水量较少，且温度较高	1．水路堵塞 2．水路漏水	1．疏通管线 2．降负荷检查，找出漏水点，停电检修
循环水断水	1．循环水供水无压力 2．水分配器各管路无回水	1．动力电跳停 2．供水泵全部跳停	1．立即通知配电工停电检查 2．立即通知值班长、车间领导 3．在供水未正常前，禁止人员上二楼平盖板 4．电石炉长时间断水，人员远离软连接部位，防止气化伤人
翻电石	1．防爆孔粘有电石，设备连电打火现象严重 2．电流波动大，伴随氢气含量超标 3．炉盖空冷前温度上升	1．炉内电石未及时排出 2．炉料配比偏低	1．加强出炉 2．提高炉料配比
接触元件跳槽	1．接触元件回水温度较其他电极相同部位温差超过 5℃ 2．电极护屏处大量冒黄烟	1．电极筒对接质量不合格 2．电极过烧 3．接触元件变形	1．停电检查 2．适当下放电极重新焙烧

续表

异常情况	存在的现象	原因分析	处理措施
液压系统着火	液压系统发生火灾	液压站油泥清理不及时，绝缘不良导致设备打火	1．紧急停电 2．关闭液压站油管阀门，切断油路，使用消防沙或干粉灭火器进行扑救
蓬糊	电极糊柱高度突然下降，或糊面中间出现空洞	1．电极上部温度低，电极糊难以融化下落，造成糊柱出现分层现象 2．电极局部温度较高，局部下落较快，糊面高度出现偏差 3．电极糊管理不好，表面有积灰或电极糊里面混有杂物 4．电极糊质量出现问题 5．电极糊粒度，大小不均匀	1．定期检查电极加热器运行情况，保证可以长期稳定运行 2．加强现场电极糊的管理工作，对粒度相差较大的电极糊进行分类处理 3．对入厂电极糊进行取样分析，对不合格品进行处理
电极筒内出现液态糊	电极筒内冒白烟，电极筒周围出现刺鼻的焦油味	1．糊柱低 2．蓬糊 3．加热元件温度高 4．电极较干	1．控制糊柱高度在工艺指标范围 2．降低加热元件温度；加大压放量

2.2.3 会设备巡检

2.2.3.1 巡检路线

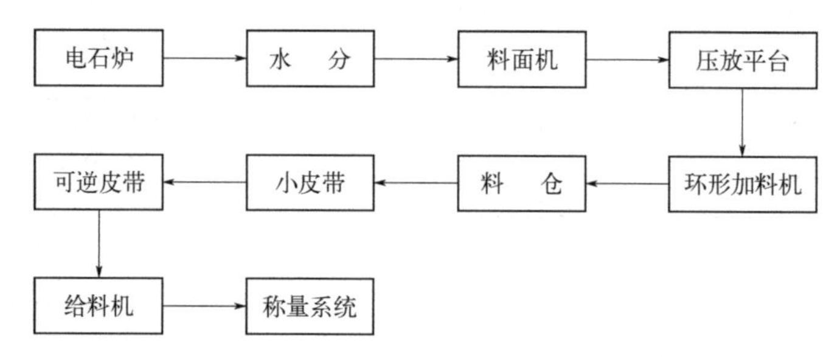

2.2.3.2 设备巡检内容及判定标准

巡检岗位设备巡检内容及判定标准见表2-5。

表2-5 巡检岗位设备巡检内容及判定标准一览表

设备名称	巡检内容	判定标准	巡检周期
处理料面机	1．大臂是否达到使用要求 2．操作手柄是否正常 3．各部螺栓是否紧固 4．液压管线是否泄漏 5．液压箱油位是否符合标准 6．电源线是否完好	1．焊缝完好无开裂，大臂无明显变形 2．手柄按钮完好，急停开关正常 3．螺栓紧固完好，无变形 4．各油管接头无漏渗油情况 5．油位符合标准 6．电源线绝缘完好，无破损现象	8h/次

续表

设备名称	巡检内容	判定标准	巡检周期
电极离心机	1．所有紧固螺栓是否完好，是否有杂物堵塞 2．风机防护罩是否完好	1．螺栓紧固完好，无松动无杂物堵塞 2．风机防护罩完好无破损	2h/次
上料皮带	1．各传动部位是否运行正常，托辊是否完好 2．拉线、跑偏开关是否正常 3．各部位螺栓是否紧固完好，输送带是否完好	1．各部位运行正常，无明显卡顿现象 2．托辊完好，无磨损缺失现象 3．拉绳、跑偏开关正常 4．各部位螺栓无松动现象 5．输送带无开胶、开裂现象	2h/次
环形加料机	1．传动部位是否运行正常 2．各部位螺栓是否紧固 3．压缩空气管线、气缸无漏气	1．传动部位运行正常 2．各部位螺栓无松动现象 3．管线、气缸完好，无漏气现象	2h/次
称量斗	1．振动给料机是否完好 2．秤体是否完好	1．振动给料机吊杆完好，无漏料现象 2．称量斗无漏料现象，称量准确	2h/次

2.2.4　会风险辨识

2.2.4.1　LEC 辨识方法

LEC 辨识方法详细请参考 1.2.4.1 小节。

2.2.4.2　JSA 辨识方法

JSA 辨识方法详细请参考 1.2.4.2 小节。

工作安全分析表详细见表 2-6。

表 2-6　工作安全分析表（JSA）

部门	电石三车间	工作任务简述	炉内漏水点补焊	
分析人员	蒿某	许可证	检修作业票、检修安全方案、生产装置检维修交接单、受限空间作业票、动火作业票、高处作业票、入炉作业对照表	特种作业人员是否有资质证明： ☑是　☐否
相关操作规程	☐有　☑无	有无交叉作业	☑有　☐无	
工作步骤	危害描述（后果及影响）		控制措施	落实人
活动电极	活动电极中可能存在塌料灼烫风险		活动电极人员撤离，严禁二楼逗留	李某
搭设作业平台	人员进入炉内可能发生灼烫、CO 中毒风险		炉内通风置换，气体分析取样合格后方可作业，佩戴便携式 CO 检测仪	李某
悬挂吊葫芦	登高作业未佩戴安全带会发生高处坠落的风险		检查安全带完好，高挂低用	李某

续表

拆除将军帽、料柱	吊耳、吊具不牢靠会发生物体打击的风险	检查吊耳，焊接牢固，检查吊葫芦完好，吊装作业时下方周围人员撤离	李某
设备拉运	设备摆放倾覆造成物体打击风险	物品摆放牢固，拉运严禁人员靠近	李某
入炉补焊漏点	设备漏水会发生火灾爆炸、动火作业发生人员灼烫、使用焊机、磨光机会发生触电、机械伤害	设备积灰吹扫干净，严禁料面积水，入炉人员佩戴安全带，挂安全绳，带电工具接漏电保护、接地	李某
属地设备员进行验收	人员进入炉内可能发生灼烫、CO 中毒风险	炉内通风置换，气体分析取样合格后方可作业，佩戴便携式 CO 检测仪	李某
清理作业平台	人员进入炉内可能发生灼烫、CO 中毒风险	炉内通风置换，佩戴便携式 CO 检测仪，严禁人员赤手接触高温物体	李某
安装将军帽、料柱	吊耳、吊具不牢靠会发生物体打击的风险	检查吊耳，焊接牢固，检查吊葫芦完好，吊装作业时下方周围人员撤离	李某
应急措施	1．现场指派专人监护，作业现场严禁人员围观，非作业人员严禁靠近黄线区域 2．如遇 CO 气体超标，人员应立即停止作业，立即撤离，重新取样分析，合格后方可进行作业 3．如遇设备漏水，料面积水，应立即停止作业，严禁活动电极，待积水蒸发干净后方可作业		
参与交底人员	焦某、马某、朱某		

2.2.4.3 SCL 安全检查表法

SCL 安全检查表法详细请参考 1.2.4.3 小节。

安全检查见表 2-7。

表 2-7 安全检查表（SCL）

序号	检查部位	检查内容	检查结果（是√或否×）	检查时间	检查人员	负责人	检查情况及整改要求	备注
1	电石炉二楼	轴流风机是否运行正常	×	××××-××-××	张某	李某	10 号炉二楼轴流风机接地线脱落，按照标准安装接地线	
2	电石炉二楼	各循环管线流量、压力、温度是否在指标范围内	√	××××-××-××	张某	李某		
3	电石炉二楼	检查应急设施是否完好	√	××××-××-××	张某	李某		

续表

序号	检查部位	检查内容	检查结果（是√或否×）	检查时间	检查人员	负责人	检查情况及整改要求	备注
4	电石炉三楼半	检查液压系统有无漏油现象	×	××××-××-××	张某	李某	12 号炉 3-2 大力缸油管接头处有漏油现象，及时报计划对泄漏点进行消漏	
5	电石炉三楼半	三楼半内照明是否通电完好	√	××××-××-××	张某	李某		
6	电石炉四楼	储气罐安全附件是否完好	√	××××-××-××	张某	李某		
7	电石炉四楼	干粉灭火器压力是否正常在绿色区域 1.0～1.4MPa 范围	×	××××-××-××	张某	李某	9 号炉一楼 35kg 干粉灭火器压力失压，指针未在绿色区域范围内，要求进行更换充装，确保消防设施完好	
8	电石炉四楼	现场固定式检测仪是否完好	√	××××-××-××	张某	李某		

2.2.5 会应急处置

2.2.5.1 系统停车应急处置

系统停车应急处置见表 2-8～表 2-13。

① 炉内设备漏水应急处置见表 2-8。

表 2-8 炉内设备漏水应急处置卡

突发事件描述	炉内设备漏水		
工序名称	巡检岗位		
岗位	巡检工	危险等级	中等
主要危害因素	1．现场 CO 浓度超标，未及时撤离 2．巡检时电石炉出现塌料，人员离电石炉较近 3．漏水与明火，容易闪爆		
应急注意事项	1．作业人员经培训考试合格后上岗操作，严格按照岗位操作规程进行作业 2．作业人员必须规范佩戴劳动防护用品，巡检人员必须佩戴便携式 CO 报警仪，现场双人巡检 3．料面设置警戒线，无关人员严禁在二楼料面区域逗留		
劳动防护用品	安全帽、防尘口罩、阻燃服、防火手套、隔热面罩、便携式 CO 报警仪		
应急处置措施	 1．打开荒气烟道蝶阀净化系统 	2．关闭红色供水阀门	

续表

应急处置措施 	 3. 人员立即撤离现场	 4. 打开炉门检查
安全警示标识		

② 电石炉大塌料应急处置见表 2-9。

表 2-9　电石炉大塌料应急处置卡

突发事件描述	电石炉发生大塌料		
工序名称	巡检岗位		
岗位	巡检工	危险等级	中等
主要危害因素	1. 电石炉发生大塌料后可能导致设备连电打火，通水设备漏水 2. 电石炉发生大塌料，炉压大，炉盖冒火烧损，通水设备软连接导致漏水 3. 人员巡检未及时撤离造成灼烫		
应急注意事项	1. 应急人员必须佩戴便携式 CO 检测仪，必须佩戴正压式空气呼吸器及隔热服进行救援 2. 应急过程中必须扶好扶手，不得使用担架上下楼梯 3. 应急人员必须规范穿戴好劳动防护用品		
劳动防护用品	安全帽、防尘口罩、工作服、便携式 CO 报警仪		
应急处置措施	1. 危险区域人员撤离至安全区域　2. 机器人操作工封堵炉眼 3. 如遇人员伤亡，请立即拨打公司应急电话		

续表

安全警示标识	  

③ 液压系统着火应急处置见表 2-10。

表 2-10　液压系统着火应急处置卡

突发事件描述	电石炉液压压放装置着火		
工序名称	巡检岗位		
岗位	巡检工	危险等级	中等
主要危害因素	1．现场存在一氧化碳气体，会造成现场人员一氧化碳中毒 2．扑救火灾过程中人员接触两相电极，造成现场人员触电 3．液压系统着火，人员处置不得当，会造成现场人员灼烫		
应急注意事项	1．应急人员必须佩戴便携式 CO 检测仪，必须佩戴正压式空气呼吸器及隔热服进行处置 2．应急过程中必须扶好扶手 3．应急人员必须规范穿戴好劳动防护用品		
劳动防护用品	安全帽、防尘口罩、工作服、便携式 CO 报警仪、隔热面罩		
应急处置措施 	  1．紧急停电，打开荒气烟道蝶阀退净化系统　2．关闭液压油泵总油阀   3．联系电工切断动力电源　4．组织人员进行灭火 5．如遇人员伤亡，请立即拨打公司应急电话		

安全警示标识	 

④ 电极软断应急处置见表2-11。

表2-11　电极软断应急处置卡

突发事件描述	电极软断		
工序名称	巡检岗位		
岗位	巡检工	危险等级	中等
主要危害因素	1．现场CO浓度超标，未及时撤离 2．巡检时未按要求佩戴劳动防护用品，人员未按照巡检路线进行巡检，造成现场人员灼烫 3．电极软断漏糊，可能会发生闪爆		
应急注意事项	1．应急人员必须佩戴便携式CO 检测仪，必须佩戴隔热服进行处置 2．应急过程中上下楼梯必须扶好扶手 3．应急人员必须规范穿戴好劳动防护用品		
劳动防护用品	安全帽、防尘口罩、工作服、便携式CO报警仪、隔热面罩		
应急处置措施	 1．紧急停电，开荒气烟道蝶阀退净化系统  2．关闭循环水阀门  3．配电工下降该相电极，现场人员撤离  4．打开炉门进行检查		

续表

安全警示标识	

⑤ 循环水断水应急处置见表 2-12。

表 2-12　循环水断水应急处置卡

突发事件描述	循环水突然断水应急处置卡		
工序名称	巡检岗位		
岗位	巡检工	危险等级	中等
主要危害因素	1. 中控人员对电石炉装置操控不当，导致燃爆事故及人身伤害事故 2. 电石炉循环水未正常前，作业人员靠近电石炉可能会发生烫伤事故		
应急注意事项	1. 应急处置前必须对电石炉进行停电 2. 应急过程中应急人员必须听从统一指挥 3. 应急人员必须规范穿戴好劳动防护用品		
劳动防护用品	安全帽、防尘口罩、工作服、便携式 CO 报警仪、隔热面罩		
应急处置措施	 1. 紧急停电，开荒气烟道蝶阀退净化系统 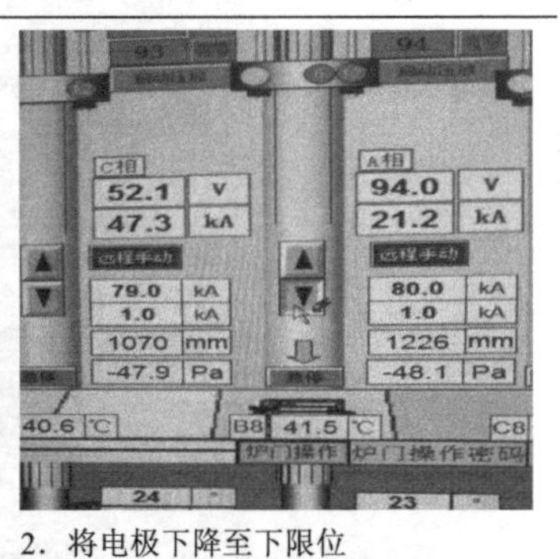 2. 将电极下降至下限位 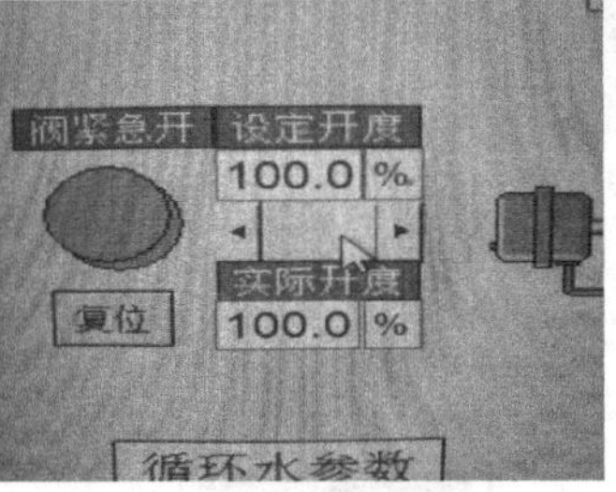 3. 控制荒气烟道开度保持微正压 4. 禁止靠近二楼电石炉 5. 如遇人员伤亡，请立即拨打公司应急电话		

续表

安全警示标识	 

⑥ 工艺电跳停应急处置见表2-13。

表2-13　工艺电跳停应急处置卡

突发事件描述	工艺电跳停		
工序名称	巡检岗位		
岗位	巡检工	危险等级	中等
主要危害因素	1．工艺电跳停，导致电石炉被迫停车 2．炉内温度降低，造成电石炉减产，炉况恶化		
应急注意事项	1．应急处置前必须将急停按钮按下，未经车间同意禁止复位，防止工艺电自动恢复 2．应急人员必须规范穿戴好劳动防护用品		
劳动防护用品	安全帽、防尘口罩、工作服、便携式CO报警仪、隔热面罩		
应急处置措施	 1．人员撤离至安全区域 2．净化工切气炉压至微负压  3．机器人操作工封堵炉眼 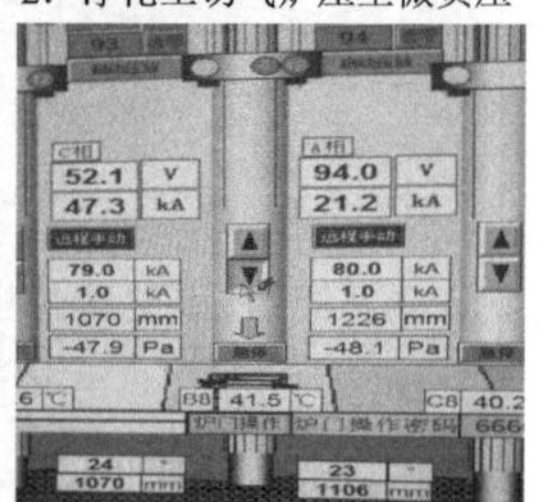 4．将电极下降至下限位		
安全警示标识	 		

2.2.5.2 人身伤害应急处置

① 人员灼烫应急处置见表2-14。

表2-14 人员灼烫应急处置卡

突发事件描述	现场作业人员劳动穿戴不齐全，接触高温物体表面，造成人员灼、烫伤		
工序名称	巡检岗位		
岗位	巡检工	危险等级	中等
主要危害因素	1．作业人员未按要求穿戴劳动防护用品，未与高温设备保持安全距离 2．作业过程中未佩戴全套劳动防护用品，赤手接触高温物体表面		
应急注意事项	1．应急人员必须佩戴便携式CO 检测仪，必要时佩戴正压式空气呼吸器进行救援 2．应急过程中必须扶好扶手，不得使用担架上下楼梯 3．应急人员必须规范穿戴好劳动防护用品		
劳动防护用品	安全帽、防尘口罩、工作服、便携式CO报警仪		
应急处置措施	 1．报告现场事故请求救援 2．穿戴好应急装备进行救援  3．对受伤人员进行急救  4．拨打急救电话		
安全警示标识 	 当心高温表面		

② 人员中毒应急处置见表 2-15。

表 2-15　人员中毒应急处置卡

<table>
<tr><td>突发事件描述</td><td colspan="3">现场 CO 气体泄漏，造成作业人员一氧化碳中毒</td></tr>
<tr><td>工序名称</td><td colspan="3">巡检岗位</td></tr>
<tr><td>岗位</td><td>巡检工</td><td>危险等级</td><td>中等</td></tr>
<tr><td>主要危害因素</td><td colspan="3">1．现场巡检时，CO 气体超标
2．巡检设备发生闪爆，造成 CO 气体泄漏
3．巡检系统生产数据超标，未及时进行处置</td></tr>
<tr><td>应急注意事项</td><td colspan="3">1．应急人员必须佩戴正压式空气呼吸器进行救援
2．应急过程中必须扶好扶手，不得使用担架上下楼梯
3．应急人员必须规范穿戴好劳动防护用品</td></tr>
<tr><td>劳动防护用品</td><td colspan="3">安全帽、防尘口罩、工作服、便携式 CO 报警仪、正压式空气呼吸器</td></tr>
<tr><td>应急处置措施</td><td colspan="3">
1．紧急疏散危险区域人员
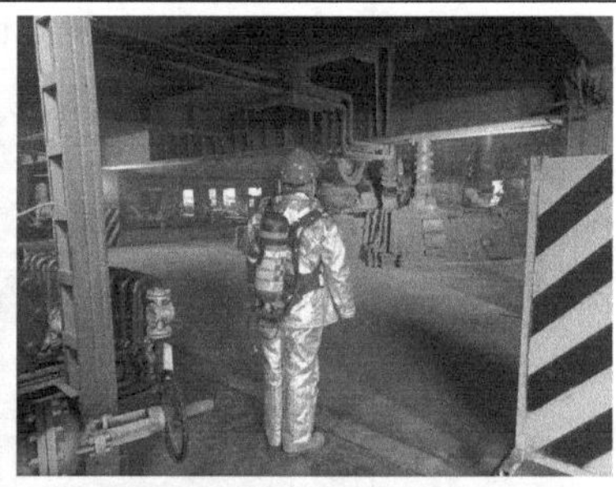
2．佩戴正压式空气呼吸器救援
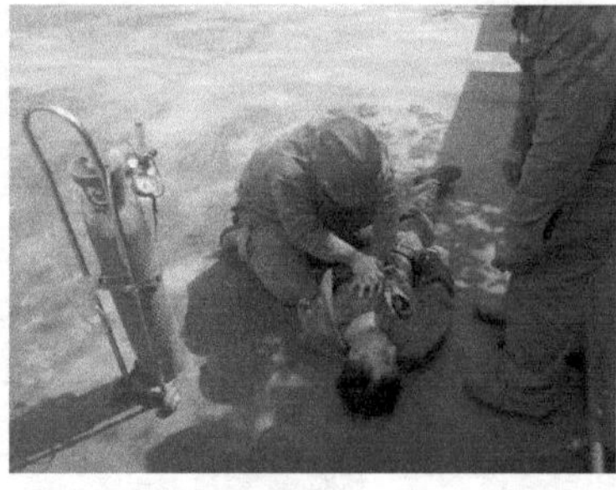
3．对中毒人员进行急救

4．拨打急救电话</td></tr>
<tr><td>安全警示标识</td><td colspan="3">
</td></tr>
</table>

③ 人员机械伤害应急处置见表2-16。

表2-16　人员机械伤害应急处置卡

突发事件描述	人员不慎接触设备运转部位，造成作业人员机械伤害		
工序名称	巡检岗位		
岗位	巡检工	危险等级	中等
主要危害因素	1．巡检时靠近和触碰运行中的设备 2．作业过程中擦拭运行中的设备		
应急注意事项	1．应急人员必须佩戴便携式CO检测仪，必要时佩戴正压式空气呼吸器进行救援 2．应急过程中必须扶好扶手，不得使用担架上下楼梯 3．应急人员必须规范穿戴好劳动防护用品		
劳动防护用品	安全帽、防尘口罩、工作服、便携式 CO 报警仪		
应急处置措施	 1．立即拉掉拉绳开关，设备停止运行  2．立即汇报现场情况请求救援  3．对伤者进行急救  4．拨打救援电话		
安全警示标识	 当心中毒  当心机械伤人		

2.3 五能

2.3.1 能遵守工艺纪律

巡检岗位工艺纪律见表 2-17。

表 2-17 巡检工序工艺纪律一览表

序号	工艺生产操作控制
1	电石炉正常生产过程中禁止长时间负压操作
2	电石炉各项指标必须控制在指标范围内
3	电石炉运行时，严禁私自关闭各联锁装置
4	电石炉处理料面前严格按照作业指导书进行操作

2.3.2 能遵守安全纪律

巡检岗位安全纪律见表 2-18，图 2-29～图 2-40。

表 2-18 巡检岗位安全纪律一览表

序号	安全纪律
1	严禁任何人触碰设备传动部位
2	任何人不得进入一氧化碳、氨气等有毒有害、易燃易爆气体浓度超标场所
3	严禁人员长时间在二楼、三楼半、四楼区域内长时间停留
4	电石炉正常生产期间严禁进入二楼黄色警戒区域
5	严禁使用榔头敲击料仓、料管
6	严禁未佩戴检测仪进入巡检区域
7	严禁设备未断电进行设备检修
8	严禁人员在巡检楼层休息
9	严禁人员未穿戴隔热服钎测电极及处理料面
10	处理料面期间禁止超过 2 人以上作业
11	严禁在巡检楼层向下抛洒工具及物体
12	严禁人员单人巡检
13	上下楼梯必须扶扶手
14	吊装作业时必须佩戴好安全带

图 2-29　人员在黄线以内巡检

图 2-30　人员按照要求进行巡检

图 2-31　人员使用工具敲击料仓

图 2-32　观察现场料位

图 2-33　巡检人员未佩戴检测仪

图 2-34　人员进行生产现场巡检

图 2-35　未穿戴隔热服进行钎测电极

图 2-36　人员进行钎测电极

图 2-37　单人进行巡检

图 2-38　双人进行巡检

图 2-39　设备运行人员接触传动部位

图 2-40　停止传动设备运行

2.3.3　能遵守劳动纪律

2.3.3.1　能遵守本岗位劳动纪律

遵守巡检岗位劳动纪律见表 2-19、图 2-41～图 2-54。

表 2-19　巡检岗位劳动纪律一览表

序号	违反劳动纪律
1	当班期间玩手机
2	违反生产厂区十四个不准内容
3	违反上岗“十不”内容
4	未严格履行监护人职责
5	没有经过部门领导同意或没有办理请假手续私自离岗，请假逾期不归
6	在厂区内喝酒闹事、打架斗殴
7	进入生产区域未佩戴安全帽、劳保鞋或所穿戴劳动防护用品不符合规定

图 2-41　二楼巡检人员在岗玩手机

图 2-42　二楼巡检人员学习岗位操作法

图 2-43　上下楼梯未扶扶手

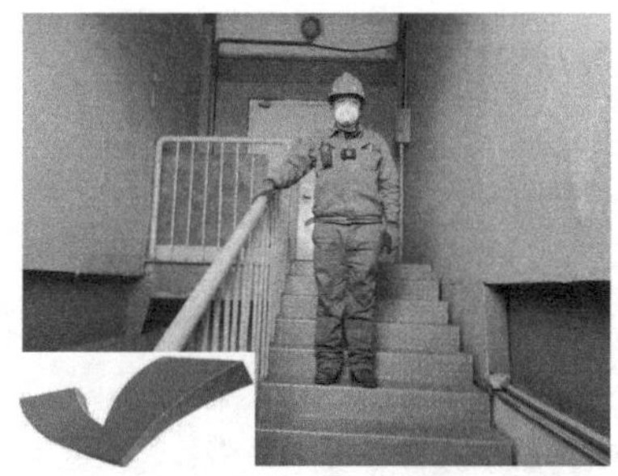

图 2-44　巡检人员上下楼梯扶扶手

图 2-45　四楼巡检工在岗玩手机

图 2-46　四楼巡检工在岗学习岗位操作法

图 2-47　巡检工在岗喝饮料

图 2-48　巡检工观察皮带输料情况

图 2-49 监护期间玩手机

图 2-50 巡检工进行监护作业

图 2-51 巡检工在岗期间睡觉

图 2-52 巡检工清理现场标识线卫生

图 2-53 巡检工在岗期间未佩戴安全帽

图 2-54 巡检人员擦拭设备卫生

2.3.3.2 劳动防护用品配备标准

巡检岗位防护用品配备见表 2-20，巡检岗位劳保穿戴见图 2-55。

表 2-20 巡检岗位防护用品配备标准一览表

配发劳动防护用品种类	发放周期
阻燃服	6 月/套
披肩帽	6 月/件
安全帽	3 年/顶

续表

配发劳动防护用品种类	发放周期
隔热面罩	6 月/副
防火手套	1 双/月
劳保鞋	4 月/双
N95 防尘口罩	4 只/月
防护眼镜	6 月/副

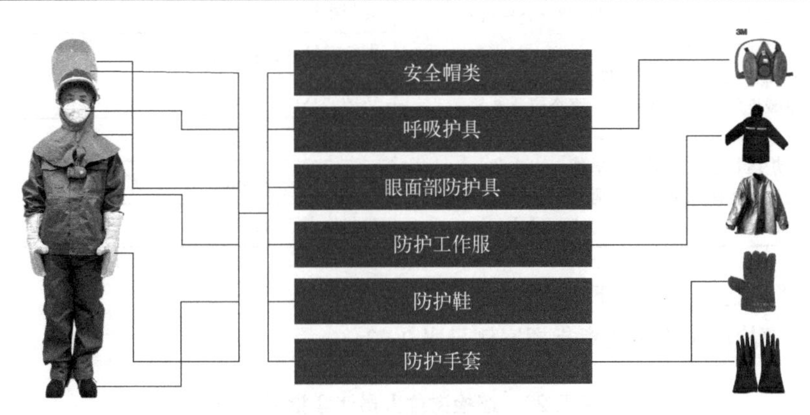

图 2-55　巡检岗位劳保穿戴图

2.3.4　能制止他人违章

巡检岗位违章行为见表 2-21。

表 2-21　巡检岗位违章行为一览表

违章行为	监督举报	积分奖励
1. 动火作业未进行动火分析 2. 高处作业未佩戴安全带 3. 单人巡检 4. 作业人员私自修改、篡改作业方案及票证 5. 现场 CO 浓度超标，人员未撤离 6. 劳保穿戴不齐全，进行钎测电极 7. 环形加料机未停止运行，进入环形加料机内 8. 站在巡检楼层向下抛掷工具及物体 9. 未佩戴便携式 CO 检测仪在各楼层进行巡检 10. 皮带运行时打扫卫生 11. 单人进行加糊作业 12. 环形加料机运行时测量糊柱高度 13. 启动皮带机时现场无人员确认	向现场安全人员举报	+1
	告知现场负责人	+1
	批评教育	+2
	现场纠错	+2
	安全提醒	+1
	行为观察	+2
	组织培训	+2
	提供学习资料	+2
	告知违章后果	+2

2.3.5　能抵制违章指挥

巡检岗位违章指挥见表 2-22。

表 2-22　巡检岗位违章指挥一览表

违章指挥	抵制要求
1. 未取样或取样不合格，强令人员进入受限作业 2. 未挂安全带，强令高处作业 3. 未办理票证，强令检修作业 4. 检修人员未撤离，强令投运设备进行生产 5. 劳保穿戴不齐全，强令人员进行作业 6. 强令变更工艺参数 7. 未佩戴隔热服强令进行电极钎测及处理料面 8. 强令人员跨越运行钢丝绳 9. 设备未断电强令人员进行检修作业 10. 未佩戴正压式空气呼吸器，强令应急施救 11. 未佩戴监测仪，强令进入巡检区域 12. 电石炉运行强令人员进入黄线以内作业 13. 现场一氧化碳浓度超标，强令人员进入危险区域 14. 吊物捆绑不牢固，强令人员进行吊装	抵制违章指挥，坚决不违章操作 撤离现场，不执行违章指挥命令 现场安全提醒，采取纠错 告知车间或公司 监督举报 向公司检举信箱投递 帮助他人，一同抵制违章指挥 现身说法，告知身边人 经验分享，分享抵制违章指挥的行为 参与培训，清楚违章指挥和违章作业行为

反“三违”案例如下。

① 巡检岗位人员违章指挥案例见表 2-23。

表 2-23　巡检岗位人员违章指挥案例

时间	4 月 2 日	地点	某电石炉一楼	部门	电石车间	类型	违章指挥

事情经过

××年 2 月 25 日 18：34 某电石生产班组在当班期间巡检工柴某发现电石炉炉盖上软连接有漏水现象随即通知值班长到现场进行查看，当班值班长贾某现场查看后未按要求采取电石炉降挡处置的方式，指挥现场巡检工直接上炉盖进行软连接绑扎作业

原因分析

1. 贾某在异常情况处置时未严格执行操作要求
2. 柴某在接到违章指挥的指令时未能拒绝

整改措施

1. 电石炉二楼发现异常情况时必须严格按照岗位操作法要求执行
2. 现场装置发生异常情况时必须落实好安全措施进行应急操作，切勿盲目应急造成其他严重后果
3. 岗位员工遇到违章指挥时有权拒绝，不得接受违章指挥作业

② 巡检岗位人员违反劳动纪律案例见表 2-24。

表 2-24　巡检岗位违反劳动纪律案例

时间	4 月 11 日	地点	某电石炉一楼	部门	电石车间	类型	违反劳动纪律
事情经过 ××年 4 月 11 日 16:57 左右，某电石车间巡检工王某，在 9 号电石炉巡检担任动火监护人期间未履行监护人职责，在现场打瞌睡							
原因分析 1．班组管理人员日常监督管理不到位，班组缺少相关安全培训 2．巡检工王某安全意识淡薄，维修人员在易燃易爆区域进行动火作业，未能监护到位 3．班组内部管理松散，监护人王某于 4 月 11 日凌晨 3 点入睡，导致次日精神较差，在监护现场打瞌睡 4．当班班组长黎某对检维修现场监督管理不到位，对现场危险性未能起到实时监督作用							
整改措施 1．各班组人员合理安排作息时间，严禁在岗期间打瞌睡 2．同宿舍人员做好相互监督工作，时刻提醒岗位人员调整作息时间，杜绝在岗期间精神涣散 3．各班组管理人员加强对现场危险性作业的监督管理工作，对危险性作业区域内进行的动火作业升级管控 4．进行任何检维修作业时必须由专人进行现场监护，落实安全措施，现场监护人严格履行监护人职责，时刻紧盯检修现场，保持头脑清醒，认真落实各项检维修安全措施							

③ 巡检岗位人员违章操作案例见表 2-25。

表 2-25　巡检岗位违章操作案例

时间	7 月 28 日	地点	某电石炉二楼	部门	电石车间	类型	违章操作
事情经过 ××年 7 月 28 日凌晨 1:40 左右，某电石炉丁班巡检工在未进行活动电极的情况下进入 1 号炉二楼进行翻撬料面作业，班长在一旁监督。在 2 号操作面进行翻撬料面时，该电石炉 2 号电极周围料面发生了塌料，部分高温炉气随之溢出，伴随红料喷出，造成处理料面人员烫伤							
原因分析 料层结构不稳定，炉况出现了波动，为了改善炉况，在进行翻撬料面操作时未进行活动电极，料层发生塌陷，炉气外溢，红料随之喷出造成人员烫伤，是造成本次事故的主要原因							
整改措施 1．切实把好原料质量关，使用粉末低，粒度均匀的石灰，避免造成炉内料面透气性不好，发生料面局部板结现象 2 要切实加强作业现场的监督管理力度，及时掌握电石炉生产情况，在炉况不稳定时，要求车间必须及时做出调整 3．电石炉翻撬料面工作前巡检工必须联系配电工活动电极调整炉压 4．处理料面作业时二楼作业人员不得超过 2 人以上							

续表

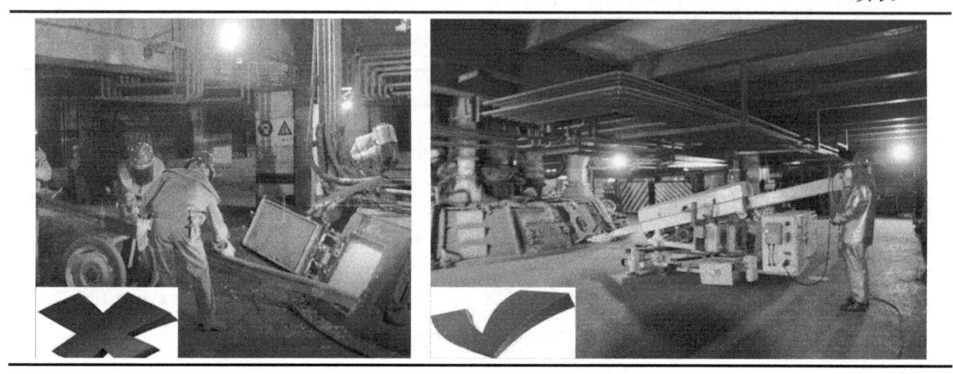

第三章

行车岗位五懂五会五能

岗位描述：将冷却合格（夏季3.5h冬季3h）的电石从电石锅里吊装至冷却区摆放，配合装车工将冷却区电石吊至堆放区，配合装车工盖篷布，协助出炉工进行电石锅倒换工作。

3.1 五懂

3.1.1 懂工艺技术

① 电石夹爆：电石在夹吊期间，行车工未严格按照冷却时间进行夹吊，存在电石夹爆现象。

② 钢丝绳脱槽：操作人员使用行车时，在作业过程中存在歪拉斜吊，造成钢丝绳脱槽。

③ 单双臂夹具：通过行车吊钩将单双臂卡吊起，在夹吊电石及电石锅时，行车吊钩下降，单双臂卡挂钩开锁装置打开，行车吊钩缓慢升起，单双臂卡将被吊物体卡住进行吊装。

3.1.2 懂危险特性

3.1.2.1 过程危险特性

① 电石夹爆：行车工在夹吊电石期间，未严格按照冷却时间进行夹吊，造成电石夹爆，人员未保持10m以上安全距离，存在人员烫伤风险。

② 滑卡：单双臂夹具卡扣使用时间较长，磨损严重，在电石夹吊过程中存在滑

卡，热电石掉落，存在人员烫伤风险。

③ 行车异常断电刹车失灵：行车在正常运行期间，动力电突然出现断电、配电柜跳闸、行车限位器接触不良等现象，行车运行速度较快造成与对面行车相撞。

3.1.2.2 物质危险特性

电石：干燥时不燃，遇水或湿气能迅速产生高度易燃的乙炔气体，在空气中达到一定的浓度时，可发生爆炸性灾害，与酸类物质能发生剧烈反应。

3.1.2.3 设备设施危险特性

① 驾驶室线路破损、电源开关绝缘不良、行车空调漏水，导致人员触电。

② 双臂夹具卡扣使用时间较长，磨损严重，在电石夹吊过程中存在电石滑卡掉落，人员未保持安全距离，导致人员物体打击。

③ 行车运行期间，人员存在斜拉歪吊，钢丝绳托槽夹伤断股，长期使用导致人员物体打击。

3.1.2.4 环境危险特性

① 高温：作业人员长期处在高温环境下除了会引起中暑外，还将导致人体体温调节、水盐代谢、循环泌尿消化系统等生理功能的改变。高温可导致急性热致疾病（如刺热痱子和中暑）。

② 粉尘：粉尘通过呼吸道、皮肤、眼睛进入人体，长时间接触可引起尘肺病。

③ 恶劣天气：恶劣天气所指的是发生突然、移动迅速剧烈、破坏力极大的灾害性天气，局部强降雨暴雪等，造成厂房内电石粉化遇湿着火。

3.1.3 懂设备原理

① 桥门式起重机见图 3-1 和图 3-2。

原理：桥式起重机的桥架沿铺设在两侧高架上的轨道纵向运行，起重小车沿铺设在桥架上的轨道横向运行，构成一矩形的工作范围。

功能：利用桥架下面的空间吊运物料，不受地面设备的阻碍。

② 单双臂夹具见图 3-3 和图 3-4。

原理：单双臂卡在夹吊电石及电石锅时，行车吊钩下降，单双臂卡挂钩开锁装置打开，行车吊钩缓慢升起，单双臂卡将被吊物体卡住进行吊装。

功能：单臂卡子用于夹吊电石，双臂卡子用于倒换电石锅及出炉小车。

图 3-1　桥门式起重机示意图

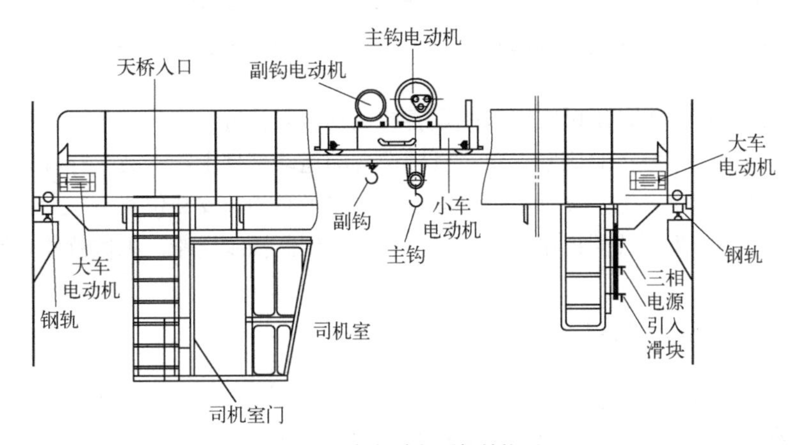

图 3-2　桥门式起重机结构图

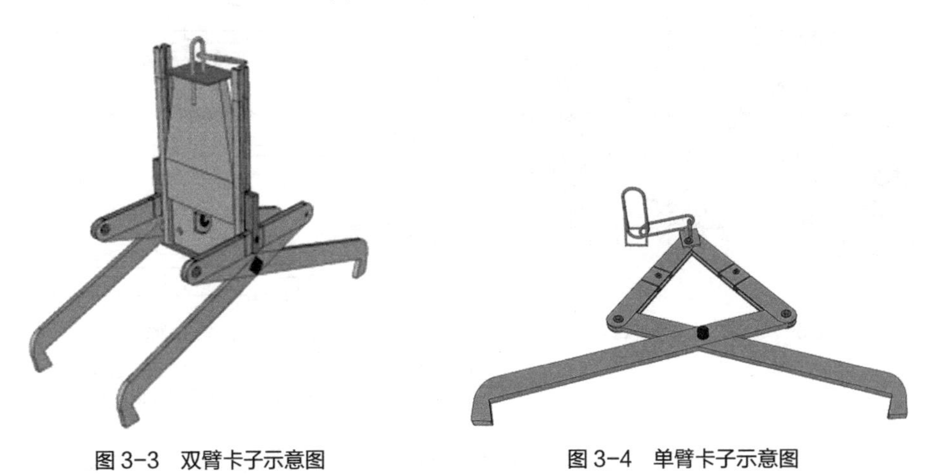

图 3-3　双臂卡子示意图

图 3-4　单臂卡子示意图

③ 语音报警仪请参照图 1-20 和图 1-21。

④ 限位开关见图 3-5 和图 3-6。

图 3-5　行车门小车限位开关示意图

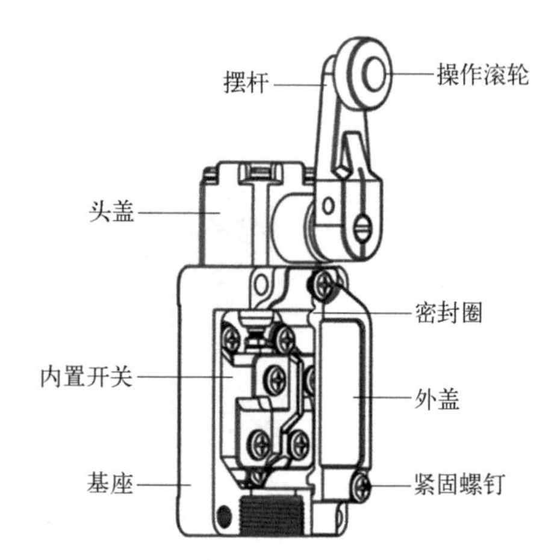

图 3-6　行车门小车限位开关示意图

原理：限位开关是用以限定机械设备的运动极限位置的电气开关，有接触式和非接触式两种。接触式的比较直观，机械设备的运动部件上，安装上行程开关，与其相对运动的固定点上安装极限位置的挡块，或者是相反安装位置。

功能：当行程开关的机械触头碰上挡块时，切断控制电路，机械就停止运行或改变运行。

⑤ 行车小车见图 3-7 和图 3-8。

图 3-7　行车小车示意图

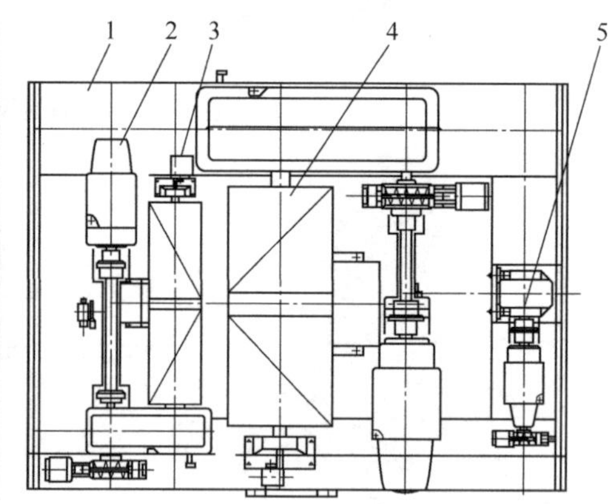

图 3-8　行车小车结构图

1—小车架；2—副起升机构；3—起升高度限制器；
4—主起升机构；5—小车运行机构

原理：行车小车主要靠电机驱动，通过减速机降低电机输出转速，实现小车前后行走，小车上方安装钢丝绳卷筒，通过电机驱动再经过减速机降低转速，带动钢丝绳卷筒控制吊钩上下运行。

功能：主要用于吊运电石，可在规定区域内实现前后、上下移动。

⑥ 电动液压抓斗见图 3-9 和图 3-10。

图 3-9　抓斗示意图

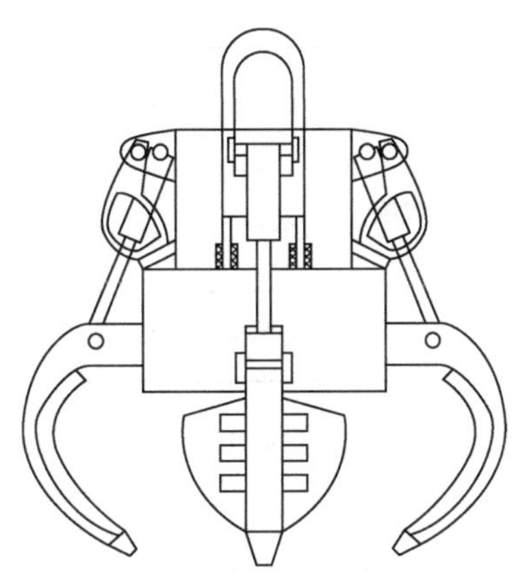

图 3-10　抓斗结构图

原理：抓斗依靠液压换向阀来控制抓斗的开闭。

功能：主要用于冷却电石吊装。

3.1.4　懂法规标准

行车岗位所涉及法律见表 3-1。《中华人民共和国安全生产法》简称《安全生产法》，《中华人民共和国职业病防治法》简称《职业病防治法》。

表 3-1　行车岗位所涉及法律一览表

序号	类别	法规标准	适用条款内容
1	人员资质	《安全生产法》	第二十八条　生产经营单位应当对从业人员进行安全生产教育和培训，保证从业人员具备必要的安全生产知识，熟悉有关的安全生产规章制度和安全操作规程，掌握本岗位的安全操作技能，了解事故应急处理措施，知悉自身在安全生产方面的权利和义务。未经安全生产教育和培训合格的从业人员，不得上岗作业
2		《安全生产法》	第三十条　生产经营单位的特种作业人员必须按照国家有关规定经专门的安全作业培训，取得相应资格，方可上岗作业
3		《安全生产法》	第五十八条　从业人员应当接受安全生产教育和培训，掌握本职工作所需的安全生产知识，提高安全生产技能，增强事故预防和应急处理能力
4	应急管理	《安全生产法》	第五十四条　从业人员有权对本单位安全生产工作中存在的问题提出批评、检举、控告；有权拒绝违章指挥和强令冒险作业
5		《安全生产法》	第五十五条　从业人员发现直接危及人身安全的紧急情况时，有权停止作业或者在采取可能的应急措施后撤离作业场所

续表

序号	类别	法规标准	适用条款内容
6	应急管理	《安全生产法》	第五十九条　从业人员发现事故隐患或者其他不安全因素，应当立即向现场安全生产管理人员或者本单位负责人报告；接到报告的人员应当及时予以处理
7	职业健康	《安全生产法》	第五十三条　生产经营单位的从业人员有权了解其作业场所和工作岗位存在的危险因素、防范措施及事故应急措施，有权对本单位的安全生产工作提出建议
8		《安全生产法》	第五十七条　从业人员在作业过程中，应当严格落实岗位安全责任，遵守本单位的安全生产规章制度和操作规程，服从管理，正确佩戴和使用劳动防护用品
9		《职业病防治法》	第二十二条　用人单位必须采用有效的职业病防护设施，并为劳动者提供个人使用的职业病防护用品

行车岗位所涉及法规标准见表 3-2。

表 3-2　行车岗位所涉及法规标准一览表

序号	类别	法规标准	适用条款内容
1	培训教育	《新疆维吾尔自治区安全生产条例》	第十四条　生产经营单位应当按照国家有关规定，对从业人员进行安全生产教育和培训，建立从业人员安全培训档案，如实记录培训时间内容以及考核情况
2		《安全生产培训管理办法》	第十条　生产经营单位应当建立安全培训管理制度，保障从业人员安全培训所需经费，对从业人员进行与其所从事岗位相应的安全教育培训；从业人员调整工作岗位或者采用新工艺、新技术、新设备、新材料的，应当对其进行专门的安全教育和培训。未经安全教育和培训合格的从业人员，不得上岗作业
3		《生产经营单位安全培训规定》	第十七条　从业人员在本生产经营单位内调整工作岗位或离岗一年以上重新上岗时，应当重新接受车间（工段、区、队）和班组级的安全培训。生产经营单位实施新工艺新技术或者使用新设备、新材料时，应当对有关从业人员重新进行有针对性的安全培训
4		《生产经营单位安全培训规定》	第十三条　生产经营单位新上岗的从业人员，岗前培训时间不得少于 24 学时
5		《安全生产培训管理办法》	第十八条　安全监管监察人员、从事安全生产工作的相关人员、依照有关法律法规应当接受安全生产知识和管理能力考核的生产经营单位主要负责人和安全生产管理人员、特种作业人员的安全培训的考核，应当坚持教考分离、统一标准、统一题库、分级负责的原则，分步推行有远程视频监控的计算机考试
6	应急管理	《生产安全事故应急预案管理办法》	第三十一条　生产经营单位应当组织开展本单位的应急预案、应急知识、自救互救和避险逃生技能的培训活动，使有关人员了解应急预案内容，熟悉应急职责、应急处置程序和措施
7		《生产安全事故应急预案管理办法》	第十五条　对于危险性较大的场所、装置或者设施，生产经营单位应当编制现场处置方案。现场处置方案应当规定应急工作职责、应急处置措施和注意事项等内容。事故风险单一、危险性小的生产经营单位，可以只编制现场处置方案
8	职业健康	《用人单位劳动防护用品管理规范》	第九条　用人单位使用的劳务派遣工接纳的实习学生应当纳入本单位人员统一管理，并配备相应的劳动防护用品。对处于作业地点的其他外来人员，必须按照与进行作业的劳动者相同的标准，正确佩戴和使用劳动防护用品

续表

序号	类别	法规标准	适用条款内容
9	职业健康	《用人单位劳动防护用品管理规范	第十二条　同一工作地点存在不同种类的危险、有害因素的，应当为劳动者同时提供防御各类危害的劳动防护用品。需要同时配备的劳动防护用品，还应考虑其可兼容性
10		《电石生产企业安全生产标准化实施指南》	根据接触危害的种类、强度，为从业人员配备符合国家标准或行业标准的劳动防护用品
11	安全生产	《化工和危险化学品生产经营单位重大生产安全事故隐患判定标准（试行）》	依据有关法律法规、部门规章和国家标准，以下情形应当判定为重大事故隐患： 1．特种作业人员未持证上岗 2．涉及“两重点一重大”的生产装置储存设施外部安全防护距离不符合国家标准要求
12		《化学品生产单位特殊作业安全规范》	9.2.9 起吊前应进行试吊，试吊中检查全部机具、地锚受力情况，发现问题应将吊物放回地面，排除故障后重新试吊，确认正常后方可正式吊装。 9.2.11　起重机械操作人员应遵守如下规定： a）按指挥人员发出的指挥信号进行操作；任何人发出的紧急停车信号均应立即执行；吊装过程中出现故障，应立即向指挥人员报告； b）重物接近或达到额定起重吊装能力时，应检查制动器，用低高度、短行程试吊后，再吊起； c）利用两台或多台起重机械吊运同一重物时应保持同步，各台起重机械所承受的载荷不应超过各自额定起重能力的 80%； d）下放吊物时，不应自由下落（溜）；不应利用极限位置限制器停车； e）不应在起重机械工作时对其进行检修；不应在有载荷的情况下调整起升变幅机构的制动器； f）停工和休息时，不应将吊物、吊笼、吊具和吊索悬在空中； g）以下情况不应起吊： 1）无法看清场地、吊物，指挥信号不明；2）起重臂吊钩或吊物下面有人、吊物上有人或浮置物；3）重物捆绑、紧固、吊挂不牢，吊挂不平衡，绳打结，绳不齐，斜拉重物，棱角吊物与钢丝绳之间没有衬垫；4）重物质量不明，与其他重物相连，埋在地下，与其他物体冻结在一起
13	报警设施	《电石装置安全设计规范》	桥式起重机应设有启动声光预报警信号，在轨道两端，应设置限位开关和缓冲器（或车挡）。限位开关应设置在离极限位置前不小于 1m。在同一轨道上有两台以上起重机运行时，在两台起重机之间应设防碰撞装置

3.1.5　懂制度要求

行车岗位涉及相关制度见表 3-3。

表 3-3　行车岗位涉及相关制度一览表

序号	类别	规章制度	适用条款内容
1	安全环保	动火作业管理规定	动火指标：一氧化碳（CO）浓度≤0.5%；氧含量（O_2）19.5%～21%。防范措施：安全隔离、关闭送气盲板阀、进行氮气置换、检测分析

续表

序号	类别	规章制度	适用条款内容
2	安全环保	受限空间作业管理规定	受限指标：甲烷（CH_4）≤25mg/m^3，一氧化碳（CO）≤30mg/m^3，氧（O_2）19.5%～21%，C_2H_2≤0.2%。防范措施：安全隔离、关闭送气盲板阀、进行氮气置换、检测分析、保持通信畅通
3		高处作业管理规定	使用全身式安全带，高挂低用，挂靠在固定点
4		临时用电管理规定	电源线要求无破损、漏电保护器完好、距离地面不小于2m
5	安全生产	新疆中泰矿冶有限公司重大危险源管理规定	公司每半年至少组织一次重大危险源应急演练，车间每季度至少组织一次重大危险源操作人员参与的应急演练活动
6		新疆中泰矿冶有限公司重大危险源管理规定	岗位操作人员严格按照巡回检查制要求每小时对重大危险进行巡检，巡检人员按时填写“重大危险源每日监控检查记录”，“重大危险源监控检查记录”由车间存档管理
7		新疆中泰矿冶有限公司起重机械管理规定	1．起重作业人员在操作时不但要做好个人的安全防护工作，而且对作业现场他人和设备的安全也要负责。2．做到认真全面观察，缓慢平稳操作，严禁野蛮操作，违章作业。吊物边缘锋利，在未采取防护措施时不准捆绑钢丝绳进行起吊。吊件与吊钩倾斜大于15°不准起吊，起重机械在吊装前吊件若捆绑不牢不准起吊
8		电石安全生产技术规程	如有两台行车同时运行时应控制车速，一般两台行车最小间距应大于9m
9		电石安全生产技术规程	开车前应先发出信号铃，行车运行时，随时注意下面是否有行人，发现有人通过或工作时，应及早打铃警告，同时降低速度，吊钩不得从人头顶越过
10	特种作业	新疆中泰矿冶有限公司重大危险源管理规定	车间中心应每半年组织员工进行一次重大危险源的安全教育和技术培训，并记录培训情况
11		特种设备作业人员规定	特种设备操作人员必须持证上岗，没有特种设备作业人员证视为违章作业
12	班组建设	电石三车间班组十项制度汇编	1．岗位专责制；2．全员安全生产责任制；3．交接班制；4．巡回检查制；5．经济核算制；6．质量负责制；7．设备维护保养制；8．岗位练兵制；9．文明生产责任制；10．思想政治工作责任制
13	设备设施	工器具管理规定	工器具使用者应熟悉工器具的使用方法，在使用前应进行常规检查，不准使用外观有缺陷等不合格的工器具。外界环境条件不符合使用工器具的要求、使用者佩戴劳动保护用品不符合规定时不准使用。应按工器具的使用方法规范使用工器具，爱惜工器具，严禁超负荷、错用、野蛮使用工器具
14		设备润滑管理规定	严格按照设备润滑卡加油标准执行，按照先加油后填写设备润滑记录，加油完毕后在“设备润滑记录本”进行准确记录
15		对讲机使用管理规定	对讲机一机一岗专用，班班交接，严禁转借他人，严禁个人携带外出。遵守“谁使用，谁保管；谁损坏，谁负责”的原则，丢失、损坏的，按规定赔偿。严禁使用对讲机进行聊天、说笑，不得用对讲机讲一些与工作无关的事情。严格按照规定频道使用，严禁占用其他频道，或故意扰乱其他频道
16		防雷防静电接地管理规定	检查接地装置连接处是否有松动、脱焊、接触不良的情况。接地装置检查引下线接地连接端所用镀锌螺栓、镀锌垫圈和镀锌弹簧垫圈等部件是否齐全

3.2 五会

3.2.1 会生产操作

3.2.1.1 智能行车操作开车前准备

a．行车工确认智能行车操作台按钮开关正常；

b．行车工确认操作台上各摇杆触点灵活；

c．行车工确认视频监控画面清晰；

d．行车工确认各限位开关灵敏可靠性；

e．行车工确认电铃正常；

f．行车工确认吊钩、小车大车正常运行；

g．行车工确认行车的润滑良好；

h．行车工确认钢丝绳无断股，卷筒正常盘绕、无串槽和重叠；

i．行车工确认电动机的地脚螺栓、减速箱地脚螺栓紧固无松动；

j．行车工对行车进行空载运行试车；

k．行车工确认起升机构进行制动正常。

3.2.1.2 智能行车操作仪表确认

a．行车工确认监控画面信号正常；

b．行车工确认操作界面数据显示正常，触控灵敏；

c．行车工确认各操作按钮手柄操控正常；

d．行车工确认智能行车视频画面与触摸屏上显示内容对应一致。

3.2.1.3 智能行车操作电气确认

a．行车工确认电控柜总电源开关在“ON”状态；

b．行车工确认电控柜总断路器交流接触器在合闸状态；

c．行车工确认检查行车空调启动电铃正常。

3.2.1.4 智能行车操作开车操作步骤

a．确认操作台急停按钮按下，打开操作柜闭合电源总开关，操作台电源指示灯亮起，等待 1min，交换机 PLC 自检完毕，HMI 屏数据显示正常；启动视频客户端，点击主预览，检查 6 个摄像头视频画面（司机室、北侧、吊钩、南桥台、东侧、西侧）是否正常；操作台急停按钮旋起，确认操作台操作指示灯亮起，检查主小车、主起升、大车限位、门开关限位是否正常，如果显示报警提示，通知相关人员现场检查修复处理，待报警消除后，按下绿色启动按钮，正式启动设备。

b．按下电铃，启动行车。

c．操作台上电工作正常后，显示器画面正常显示车载6个摄像头画面，手指或者触摸屏鼠标左键点击触摸屏画面的“登录”按键，然后点击左上角“司机”按键，输入密码，点击右下角“登录”按键，进入主画面后点击“进入操作状态”按键，“进入操作状态”变绿后，方可开始后续的操作。

3.2.1.5 本地行车操作开车步骤

a．对行车进行正常检查；

b．关闭行车上下联锁门；

c．合上配电柜总闸；

d．进入驾驶室；

e．将电锁打开；

f．闭合紧急断路开关；

g．踩铃；

h．启动行车；

i．操作手柄，运行行车。

3.2.1.6 智能行车切换操作步骤

a．通过操作台上的转换开关对行车进行切换操作，每一操作台分别控制2台行车；

b．行车本地驾驶室内操作台上的转换开关进行本地、远程切换。

3.2.1.7 行车本地切换操作步骤

在行车驾驶室操作台上的转换开关进行本地、远程切换后方可进行本地操作。

3.2.1.8 智能行车停车步骤

a．将行车停靠平台；

b．吊钩提升到较高位置（距大梁底部约2m处）；

c．将小车停于大车两端；

d．进入“实时状态”画面点击“退出操作状态”按键；

d．“进入操作状态”按键变灰后，进入“用户信息”画面，点击“退出登录”画面；

e．按下停止按钮。

3.2.1.9 行车本地停车操作步骤

a．将行车停靠平台；

b．吊钩提升到较高位置（距大梁底部约 2m 处）；

c．将小车停于大车两端；

d．将行车操作台急停按下。

3.2.2 会异常分析

行车装置异常情况见表 3-4。

表 3-4 行车装置异常情况一览表

异常情况	存在的现象	原因分析	处理措施
断电	限位门开	限位门未关好	作业前将限位门关好
电机异响	电机绕组缺相或轴承损坏	1．线圈过载 2．动、静铁芯极面闭合时接触不良，存有间隙，致使线圈过载发热	1．减小动触头的压力即可解决 2．消除极面存有间隙的因素，如弯曲、卡塞或极面有污垢等
电机振动	1．底座螺栓松动 2．电机轴承损坏	1．电动机轴与减速机轴不同心 2．机械传动系统中有阻塞、传动不畅现象，阻力增大使电动机发热	1. 调整电动机与减速机的同心度，使之达到技术标准，传动附加阻力自然消失 2．检查机械传动系统，消除不同心等传动不畅故障点即可解决
刹车失灵	液压推动器无动作	1. 制动轮表面有油污，摩擦系数减小导致制动力矩减小，故刹不住车 2. 制动瓦衬磨损严重，铆钉裸露，制动时铆钉与制动表面相接触 3. 主弹簧调整不当，张力小而导致制动力矩减小 4. 制动器安装不当，其制动架制动轮不同心，偏斜 5．液压推动器轮叶转动不灵活，刹车力矩减小	1．用煤油或汽油将表面油污清洗干净即可 2．更换制动瓦衬即可 3．重新调整制动器使其主弹簧张力增大 4. 先把制动器闸架地脚螺栓松开，然后将制动器调紧，使闸瓦抱紧制动轮，这时再将悬浮的制动器闸架底部间隙填实，然后再紧固地脚固定螺栓 5．调整叶轮，消除卡塞阻力
制动器抱死	液压推动器无动作	1．液压推动器电机烧损 2．液压推动器线断	联系外协人员处理
操作台异响	接触器触头烧蚀	1. 动静触头接触不良，开闭时经常打火烧损触头 2．相间有短路点，强大的短路电流将触头烧蚀	1. 修整触头，调整触头间的压力，使接触良好 2．用万用表检查电路，找出故障点并消除
大小车不同步	刹车松紧不一样	刹车过紧或者过松	联系外协人员处理刹车调试
视频卡顿	监控电脑界面黑屏	视频信号传输错误	退出全屏，点击云台控制
滑块磨损严重掉落	行车整体没电	滑块老化	联系外协人员处理更换滑块
摇杆失灵	行车不受控制	凸轮控制器损坏	联系外协人员处理更换摇杆

3.2.3 会设备巡检

3.2.3.1 巡检路线

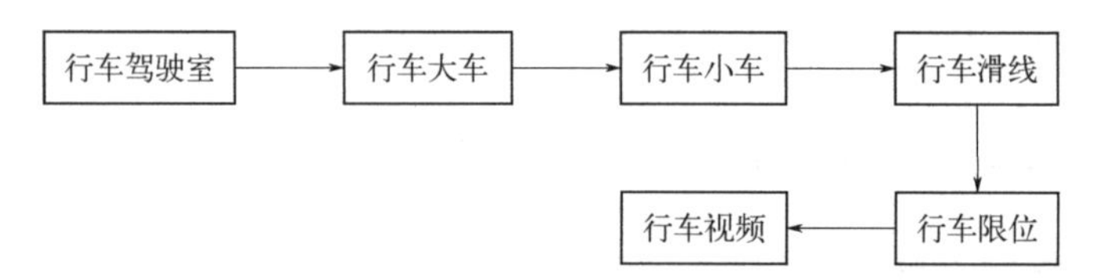

3.2.3.2 设备巡检内容及判定标准

设备巡检内容及判定标准见表 3-5。

表 3-5 设备巡检内容及判定标准一览表

设备名称	巡检内容	判定标准	巡检周期
钢丝绳	钢丝绳有无断股,断丝打结或者磨损	1. 钢丝绳断丝数不得超过总丝数的 10% 2. 径向磨损和腐蚀不得超过原直径的 40% 3. 钢丝绳润滑良好	4h/次
限位	限位器是否完好正常,有无变形损坏	限位器灵敏可靠，能起到断电保护功能，无松动	4h/次
大车	1. 大车轮润滑 2. 联轴器防护罩 3. 大车液压推动器	1. 大车轮润滑良好 2. 减速机无漏油，联轴器防护罩齐全 3. 液压推动器动作良好，刹车皮无明显磨损	8h/次
小车	1. 小车联轴器防护罩 2. 减速机 3. 卷筒钢丝绳	1. 小车联轴器防护罩完好 2. 各减速机无漏渗油现象 3. 卷筒钢丝绳缠绕均匀，无乱绳情况	4h/次
吊钩	1. 吊钩外壳螺栓 2. 吊钩内部滑轮 3. 吊钩主体	1. 吊钩外壳螺栓齐全，无缺失 2. 吊钩内部滑轮运转灵活，无卡塞 3. 吊钩无裂纹明显磨损凹槽情况	8h/次
电机	1. 电动机在运行时是否发热 2. 电动机在运转时是否震动 3. 防护罩螺栓是否缺失	1. 电动机温升≤40℃ 2. 电动机机身温度≤75℃ 3. 防护罩螺栓无缺失松动	4h/次
减速机	1. 减速机有无异常声音 2. 减速机油位是否正常 3. 有无漏油现象	1. 地脚螺栓紧固，无松动缺失 2. 润滑油位在油尺中刻线位置 3. 输入输出轴端无渗油漏油	4h/次
液压推动器	1. 接线盒是否完好 2. 运行时是否工作	1. 接线盒完好，接线无松动 2. 液压罐无漏油，启动上线动作良好	4h/次
行车轨道	1. 轨道接头是否完好 2. 轨道夹板螺栓松动缺失	1. 轨道接头上下偏差不得大于 3mm，左右偏差不得大于 2mm 2. 轨道夹板螺栓无松动缺失	8h/次
滑块	1. 滑块螺栓 2. 滑块是否运行正常	1. 导电滑块螺栓无缺失 2. 滑块无明显磨损凹槽	4h/次
瓷瓶	瓷瓶与导电角铁固定	瓷瓶与导电角铁固定紧固，无脱离	4h/次
驾驶室	1. 门窗是否完好 2. 操作座椅 3. 底板绝缘垫板线路是否完好	1. 门窗玻璃完好明亮 2. 操作座椅完好 3. 底板绝缘垫板完好	4h/次

续表

设备名称	巡检内容	判定标准	巡检周期
单双臂卡子	1．吊环磨损情况 2．受力部位防滑块有无磨损 3．是否有开焊变形	1．吊环无明显磨损 2．各焊缝无开裂，防滑块无明显磨损 3．挂钩开锁装置无变形	8h/次
空调	1．空调是否正常 2．排水管	1．空调制冷正常 2．排水管排水正常	1h/次
智能操作台按钮	1．按钮 2．各按钮标识	1．按钮灵活无卡塞，转换开关旋转正常 2．各按钮标识清楚，急停按钮灵活可靠	1h/次
配电柜	1．配电柜外部各连接螺栓 2．配电柜有无异响	1．配电柜外部连接螺栓齐全，无松动 2．配电柜无异常声音及线路无异味	4h/次
视频监控	1．视频显示情况 2．拉伸缩放操作	1．视频显示正常 2．拉伸缩放操作正常 3．运行时镜头无明显晃动情况	1h/次
摇杆触点	智能行车操作台摇杆灵活	智能行车操作台摇杆灵活，反应灵敏	1h/次

3.2.4 会风险辨识

3.2.4.1 LEC 辨识方法

LEC 辨识方法详细请参考 1.2.4.1 小节。

3.2.4.2 JSA 辨识方法

JSA 辨识方法详细请参考 1.2.4.2 小节。

工作安全分析表详细见表 3-6。

表 3-6 工作安全分析（JSA）表

部门	电石三车间	工作任务简述	更换行车小车电机	
分析人员	张某	许可证	检修作业票、生产装置检维修交接单、高处作业票	特种作业人员是否有资质证明：☑是 □否
相关操作规程	□有 ☑无	有无交叉作业	□有 ☑无	
工作步骤	危害描述（后果及影响）		控制措施	落实人
行车停止运行	行车未断电，检维修作业存在人员机械伤害的风险		行车停止运行，确认断电、悬挂“禁止合闸、有人工作”警示牌	李某
悬挂吊葫芦	登高作业未佩戴安全带会发生高处坠落的风险		检查安全带完好，高挂低用	李某
维修人员拆除烧损电机	吊具不牢靠会发生物体打击的风险		检查吊葫芦完好，吊装作业时下方周围人员撤离，下方拉设警戒区域	李某
拆除吊葫芦	登高作业未佩戴安全带会发生高处坠落的风险		检查安全带完好，高挂低用	李某

续表

安装搬运电机	搬运电机期间人员存在物体打击的风险	作业人员有序作业，严禁野蛮作业，抛掷工器具，搬运期间两人配合	李某
行车送电试启动	人员未保持安全距离，存在机械伤害风险	行车启动时，人员与传动部位保持安全距离	李某
属地设备员进行验收	登高作业未佩戴安全带会发生高处坠落的风险	检查安全带完好，高挂低用	李某
应急措施	1. 现场指派专人监护，如遇特殊情况，停止检修作业，人员撤离 2. 如遇人员机械伤害、物体打击等情况，现场人员应及时应急处理，并送往医务室		
参与交底人员	焦某、马某、朱某		

3.2.4.3 SCL 安全检查表法

SCL 安全检查表法详细请参考 1.2.4.3 小节。

安全检查见表 3-7。

表 3-7 安全检查表（SCL）

序号	检查部位	检查内容	检查结果（是√或否×）	检查时间	检查人员	负责人	检查情况及整改要求	备注
1	冷却厂房行车	是否建立特种设备台账，特种设备档案资料是否齐全	×	××××-××-××	张某	李某	行车工陈某特种作业证件过期，属地部门及时上报人员进行复证工作	
2	冷却厂房行车	刹车及控制系统是否灵活可靠，滑轮安装可靠，转动灵活	√	××××-××-××	张某	李某		
3	冷却厂房行车	行车各转动部位是否有防护措施	×	××××-××-××	张某	李某	冷破厂房 3 号行车电机防护罩磨损，上报计划制作进行更换，确保传动部位安全可靠	
4	冷却厂房行车	行车是否运行平稳，制动装置是否灵敏可靠、锁定牢靠	√	××××-××-××	张某	李某		
5	冷却厂房行车	吊钩是否有裂纹或变形，吊钩螺母锁紧装置是否良好	√	××××-××-××	张某	李某		
6	冷却厂房行车	钢丝绳无扭结，无明显的散股、无严重磨损，腐蚀断丝数不超过规定，无整股折断	×	××××-××-××	张某	李某	冷破厂房 6 号行车小车钢丝绳部分位置出现断股现象，已达到更换标准，上报计划进行更换，确保吊装作业安全可控	

续表

序号	检查部位	检查内容	检查结果（是√或否×）	检查时间	检查人员	负责人	检查情况及整改要求	备注
7	冷却厂房行车	运行警示铃、紧急制动、电源总开关是否有效	√	××××-××-××	张某	李某		
8	冷却厂房行车	钢丝绳与卷筒连接良好，轮槽无明显磨损，轮缘完整无缺损	√	××××-××-××	张某	李某		
9	冷却厂房行车	电动机运行良好，无异音，温度正常	√	××××-××-××	张某	李某		
10	冷却厂房行车	起重行车的各类安全装置、信号装置是否齐全可靠，在明显部位标明最大起重量	√	××××-××-××	张某	李某		

3.2.5 会应急处置

① 高空坠落应急处置见表3-8。

表3-8 高空坠落应急处置卡

突发事件描述	作业人员在清扫行车小车卫生时未佩戴安全带、上下楼梯未扶扶手造成人员高处坠落		
工序名称	行车岗位		
岗位	行车工	危险等级	中等
主要危害因素	1．行车工在上下行车时，未扶楼梯扶手 2．清理行车小车卫生，未佩戴全身式安全带 3．人员巡检私自跨越无护栏危险区域		
应急注意事项	1．应急人员上下行车必须扶扶手 2．应急人员对受伤人员包扎期间严禁盲目施救 3．应急人员必须规范穿戴好劳动防护用品		
劳动防护用品	防静电工作服、安全帽、劳保鞋、防尘口罩、线手套、担架		
应急处置措施	1．将人员移动至安全地带 2．对受伤部位进行止血包扎		

应急处置措施	 3. 拨打救援电话  4. 根据伤情送往就近医院进行治疗
安全警示标识	

② 人员触电应急处置见表 3-9。

表 3-9　人员触电伤害应急处置卡

突发事件描述	行车线路长时间磨损，人员巡检不到位，赤手触摸裸露线路，造成人员触电		
工序名称	行车岗位		
岗位	行车工	危险等级	中等
主要危害因素	1. 行车线路长时间磨损严重 2. 行车未断电，私自进行开盖检修作业		
应急注意事项	1. 应急人员必须确认切断电源，严禁设备为断电进行盲目施救 2. 应急过程中必须扶好扶手，不得使用担架上下楼梯 3. 应急人员必须规范穿戴好劳动防护用品		
劳动防护用品	防静电工作服、安全帽、劳保鞋、防尘口罩、线手套		
应急处置措施	1. 迅速切断电源　2. 迅速将伤者移至安全地带		

续表

应急处置措施 	 3．对触电人员进行胸外心脏按压法抢救	 4．拨打急救电话，送医院救治
安全警示标识	 	

③ 人员机械伤害应急处置见表 3-10。

表 3-10　人员机械伤害应急处置卡

突发事件描述	人员不慎接触动设备运行部位，造成作业人员机械伤害		
工序名称	行车岗位		
岗位	行车工	危险等级	中等
主要危害因素	1．巡检时靠近和触碰运行中动设备 2．作业过程中擦拭运行中的动设备		
应急注意事项	1．应急人员必须确认设备停止运行 2．应急过程中必须扶好扶手，不得使用担架上下楼梯 3．应急人员必须规范穿戴好劳动防护用品		
劳动防护用品	安全帽、防尘口罩、工作服		
应急处置措施	1．迅速切断电源	2．迅速将伤者移至安全地带	

续表

<table>
<tr><td>应急处置措施</td><td>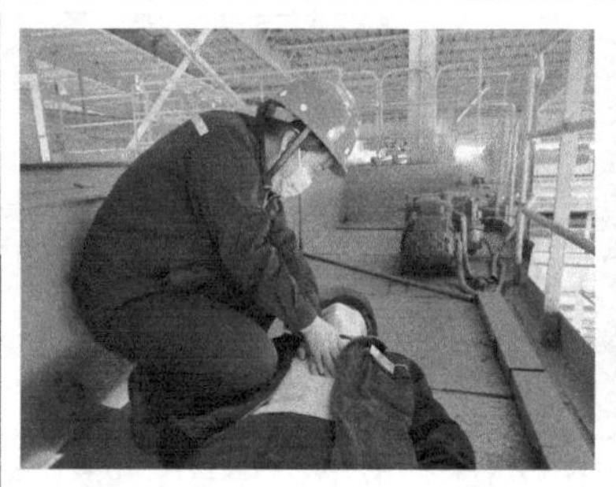
3. 对触电人员进行胸外心脏按压法抢救 
4. 拨打急救电话，送医院救治</td></tr>
<tr><td>安全警示标识</td><td></td></tr>
</table>

3.3 五能

3.3.1 能遵守工艺纪律

行车岗位工艺纪律见表 3-11 和图 3-11、图 3-12。

表 3-11 行车工序工艺纪律一览表

序号	工艺生产操作控制
1	严格控制夹吊电石时间，冬季≥3h、夏季≥3.5h
2	夹吊电石时必须按下电铃
3	热电石起吊后必须在电石锅上方停留 5s，发现有液态电石（铁水）下滴立即下落，不得强行起吊
4	起吊热电石地面人员必须撤离 10m 以外，起吊冷却电石必须撤离 5m 以外
5	禁止私自调整智能行车点位数据
6	禁止行车运行期间，使用反挡操作

图 3-11　人员未保持安全距离进行起吊作业

图 3-12　人员撤离至安全区域进行起吊作业

3.3.2　能遵守安全纪律

行车岗位安全纪律见表 3-12 和图 3-13～图 3-20。

表 3-12　行车工序安全纪律一览表

序号	安全纪律
1	在吊装物下穿行停留，在吊装不牢靠时起吊作业
2	触碰设备传动部位
3	使用潮湿抹布擦拭带电设备
4	未佩戴安全带私自上小车清理卫生
5	设备未断电进行设备检修
6	人员在行车楼层休息
7	在行车楼层向下抛洒工具及物体
8	行车下方人员未撤离至安全区域，进行起吊作业
9	行车工私自通过无安全防护栏一侧

图 3-13　使用湿抹布擦拭带电设备

图 3-14　使用干抹布擦拭带电设备

图 3-15　巡检通过无安全防护栏一侧

图 3-16　巡检手扶防护栏通过

图 3-17　未佩戴安全带清理小车卫生

图 3-18　佩戴安全带清理小车卫生

图 3-19　触碰设备传动部位

图 3-20　与设备传动部位保持安全距离

3.3.3　能遵守劳动纪律

3.3.3.1　能遵守本岗位劳动纪律

行车岗位劳动纪律见表 3-13 和图 3-21～图 3-26。

表 3-13　行车岗位劳动纪律一览表

序号	违反劳动纪律
1	违反生产厂区十四个不准内容
2	违反上岗“十不”内容
3	上下楼梯不扶扶手
4	未严格履行监护人职责
5	在厂区内喝酒闹事、打架斗殴
6	进入生产区域未佩戴安全帽、劳保鞋或所穿戴劳动防护用品不符合规定
7	未按时巡检、填写记录

图 3-21　上下楼梯未扶扶手

图 3-22　上下楼梯扶扶手

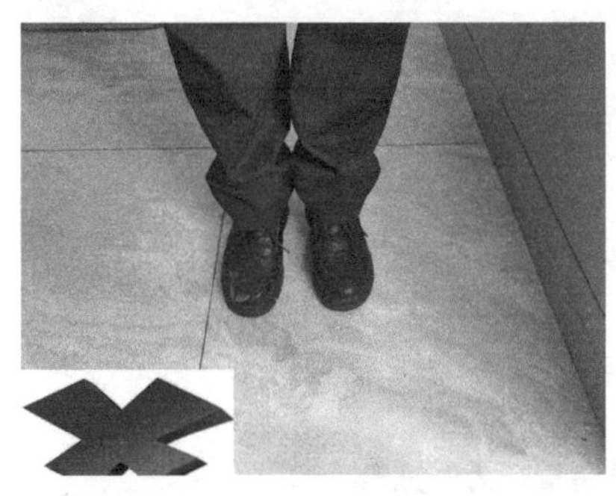

图 3-23　行车工穿皮鞋上班

图 3-24　行车工穿劳保鞋进入现场

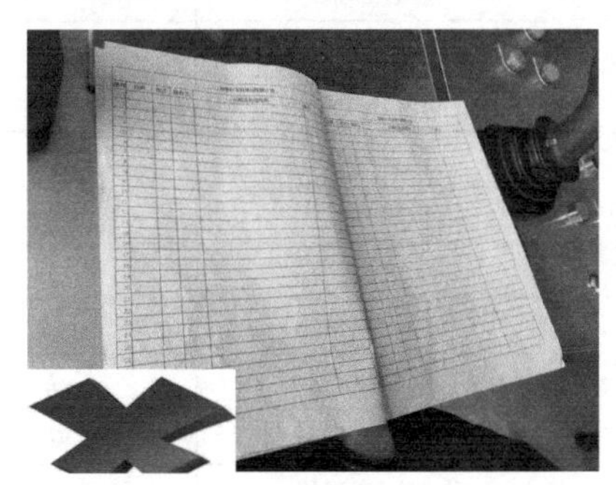

图 3-25　未按时巡检、填写记录

图 3-26　按照巡检要求认真填写记录

3.3.3.2 劳动防护用品配备标准

行车岗位防护用品见表3-14和图3-27。

表3-14 行车岗位防护用品配备标准一览表

配发劳动防护用品种类	发放周期
秋装	2年/套
棉衣	4年/套
夏季工装	3年/套
玻璃钢安全帽	3年/顶
N95防尘口罩	2只/月
劳保鞋	6月/双
线手套	1双/月

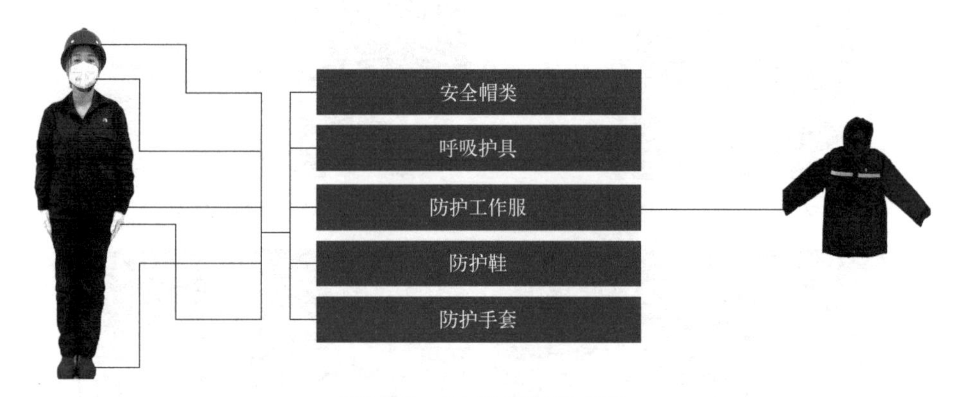

图3-27 行车岗位劳保穿戴图

3.3.4 能制止他人违章

表3-15 行车岗位违章行为一览表

违章行为	监督举报	积分奖励
1. 行车运行期间人员横穿通过 2. 吊锅人员手扶单双臂卡子作业 3. 电石起吊，人员未撤离至安全区域 4. 吊锅人员劳动防护用品未规范穿戴 5. 人员跨越运行的钢丝绳 6. 装车人员在车辆后方指挥车辆倒车 7. 行车未断电进行擦拭动设备	向现场安全人员举报	+1
	告知现场负责人	+1
	批评教育	+2
	现场纠错	+2
	安全提醒	+1
	行为观察	+2
	组织培训	+2
	提供学习资料	+2
	告知违章后果	+2

3.3.5 能抵制违章指挥

行车岗位违章指挥见表3-16。

表3-16 行车岗位违章指挥一览表

违章指挥	抵制要求
1. 未挂安全带，强令高处作业 2. 未办理票证，强令检修作业 3. 指挥未取得特种作业证人员操作特种设备 4. 电石未到冷却时间，强令进行夹吊 5. 强令使用单臂卡子夹吊电石锅作业 6. 电石夹吊困难，强令作业人员手扶单臂卡子进行作业 7. 吊物下方有人，强令起吊作业 8. 设备未断电，强令操作人员检修作业	抵制违章指挥，坚决不违章操作
	撤离现场，不执行违章指挥命令
	现场安全提醒，采取纠错
	告知车间或公司
	监督举报
	向公司检举信箱投递
	帮助他人，一同抵制违章指挥
	现身说法，告知身边人
	经验分享，分享抵制违章指挥的行为
	参与培训，清楚违章指挥和违章作业行为

反“三违”案例如下。

① 行车岗位人员违章指挥案例见表3-17。

表3-17 行车岗位违章指挥案例

时间	11月12日	地点	冷破厂房	部门	某电石车间	类型	违章指挥
事情经过 ××年11月12日，电石车间停炉检修，××年11月26日进行更换1号炉3号眼通水炉皮工作，12:10左右班组长配合行车工将炉皮吊置在2个出炉小车上，随后维修工三人将放置在出炉小车上的炉皮从1号轨道的3跨推到1跨，在2号眼与3号眼弯道交接处，出炉小车发生掉道，此时路过此处维修工的看到后过来帮忙，班长李某指挥小车架进入轨道的过程中，小车架上放置的炉皮面积大、质量大移位，导致正在扶炉皮的维修工右手中指挤伤							
原因分析 1. 检修过程中，现场无人监护，无统一指挥，操作现场混乱，员工自我保护意识差 2. 维修工使用出炉小车运送炉皮至3号眼的过程中，用2个小车架支撑，在进入弯道时出炉小车架承载炉皮质量大，导致出炉小车无法正常转向（正常操作应放置在一个出炉小车上运输），李某违章指挥维修人员手扶炉皮，同时在3号眼弯道与2号眼直道交接处，导向轨未紧靠到位，小车经过时掉道 3. 维修工在恢复出炉小车进入轨道时，用手代替工具扶炉皮，且抓扶的位置不是安全点，进行违规操作，导致右手被夹伤，安全意识淡薄							
整改措施 1. 电石公司立即组织人员进行本次事故分析会 2. 电石公司针对本次事故组织人员进行安全培训学习，加强员工在操作过程中安全隐患的认知能力，在作业过程中做到互保监护，让员工做到安全生产 3. 电石公司各个车间利用交接班，观察员工班前、班后的行为状况是否正常，发现员工状态异常，不允许上岗操作 4. 各级管理人员要认真吸取事故教训，加强现场操作过程中的安全管理和监督，杜绝违章指挥和违章操作							

② 行车岗位人员违反劳动纪律案例见表 3-18。

表 3-18　行车岗位违反劳动纪律案例

时间	6月9日	地点	冷破厂房	部门	某电石车间	类型	违反劳动纪律
事情经过							
××年 6 月 9 日，公司组织岗位员工劳动防护用品穿戴专项检查时发现，行车工刘某未穿劳保鞋进入电石炉生产区上岗作业。检查人员当即制止了其违章行为，同时对当事人进行了批评教育，要求更换劳保鞋后再上岗作业							
原因分析							
1．行车工刘某安全意识淡薄，未严格按照电石炉岗位操作法和作业指导书规范作业，在未穿戴劳保鞋的情况下违章进入作业区域，是此次事件发生的直接原因							
2．班组日常对岗位人员劳动防护用品穿戴要求不够严格，人员随意性较大，日常管理散漫，是此次事件的间接原因							
3．车间对员工日常安全培训教育不到位，劳动防护用品穿戴方面监管失职，是此次违章事件管理方面的原因							
整改措施							
1．各部门严格遵守公司各项规章制度，员工上岗作业前，必须按要求穿戴劳动防护用品，安全管理人员做好监督落实工作							
2．各部门加强安全培训教育工作，认真学习和执行公司各项管理规定，提高员工的安全防范意识							
3．各部门引以为戒，加强日常安全监督管理工作，杜绝此类违章事件再次发生							

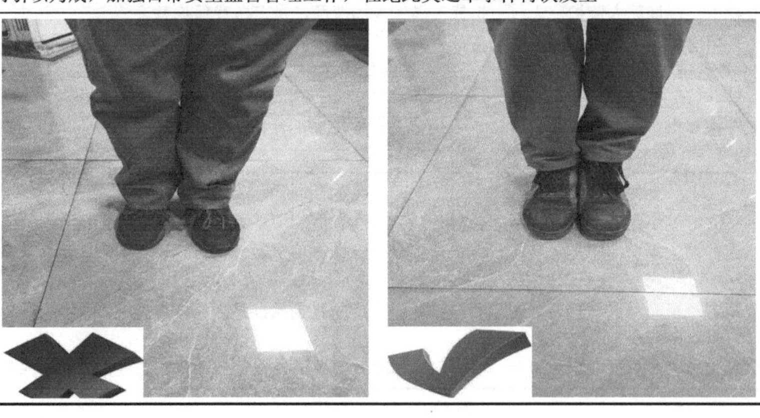

③ 行车岗位人员违章操作案例见表 3-19。

表 3-19 行车岗位违章操作案例

时间	11月26日	地点	冷破厂房	部门	某电石车间	类型	违章操作
事情经过 ××年 11 月 26 日，某车间炉前维修工 A 与 B 通知叉车司机将维修工房前备用电石锅锅底叉至冷却厂房，两人用装车吊链捆绑一圈；B 便通知行车工将锅底调运至冷却厂房南侧靠墙处，因受行车限位影响，两人欲将锅底手推至南侧墙面。当时，B 位于锅底的左侧，见 A 位于锅底正面，便提醒其应站在侧面操作，但 A 不听劝阻，B 也未进一步制止，由于吊链捆绑不牢靠，锅底受力滑落，A 躲闪时被电石绊倒，锅底倒向北侧电石后弹起，将其左侧胫腓骨砸伤，造成骨折							
原因分析 1．车间炉前维修工安全意识淡薄，自我保护意识差，吊链仅绑了一道且未用铁丝将绳结固定，是此次事故的直接原因 2．车间疏于现场安全管理，安排工作未进行安全技术交底，对现场员工作业风险未能进行有效控制，致使作业现场处于无人监控状态，是此次事故发生的主要管理原因 3．车间未将炉前维修工纳入车间班组管理，由设备员直接监管，对炉前维修工日常监督管理安全培训教育不到位，是此次事故发生的另一管理原因							
整改措施 1．车间将炉前维修岗位人员纳入班组管理，确保炉前维修工各项作业规范管理 2．安环处牵头组织对炉前维修工开展岗位安全知识培训考试，提高岗位人员安全意识和风险辨识能力 3．由机械动力处对吊装作业管理制度进行修订和完善，明确冷却厂房除电石吊装以外的作业必须开具票据 4．各车间对涉及吊装作业的岗位加强培训和检查，确保岗位人员熟练掌握吊装作业安全知识，严格执行吊装作业制度 5．加强对起重设备的管理，由安全环保处牵头，人事处、机械动力处配合在全公司范围内对起重设备完好状态、作业人员的安全作业技能及持证情况进行一次专项检查							

第四章

装车岗位五懂五会五能

岗位描述：负责配合行车工将冷却区域的电石吊至待装区域，负责运输车辆进出厂安全检查、装车期间的全程监护，并按照要求做好记录台账登记，负责所属区域内的卫生干净整洁。

4.1 五懂

4.1.1 懂工艺技术

① 装车温度：装车前测量待装区电石堆温度，小于70℃符合装车要求。

② 装车高度：装车高度控制在3.5～4.0m之间。

4.1.2 懂危险特性

4.1.2.1 过程危险特性

① 行车起重伤害：行车在起吊作业期间，严禁人员手扶吊物及工器具。

② 电石粉尘危害：电石炉气粉尘粒径小于5μm的占44%，而对人体危险最大的粉尘粒径为5μm。电石在生产和破碎过程中可能产生石灰粉尘及电石粉尘等，若防护不当，长期接触可造成粉尘危害，甚至可引起尘肺病。

4.1.2.2 物质危险特性

电石：干燥时不燃，遇水或湿气能迅速产生高度易燃的乙炔气体，在空气中达到一定的浓度时，可发生爆炸性灾害，与酸类物质能发生剧烈反应。

4.1.2.3 设备设施危险特性

① 铲车车辆伤害：铲车在厂房运行装车期间，人员未拉设警戒区域，未与车辆保持10m安全距离，在车辆盲区作业，易造成人员车辆伤害。

② 链条物体打击：装车前未对使用链条进行全面检查，捆绑及吊运电石期间链条断裂，人员未保持5m安全距离。

③ 拉运车辆造成车辆伤害：指挥车辆入库时，指挥人员站在车辆侧方及后方指挥。

④ 电石坍塌：作业人员紧靠冷却（粉化）电石堆，进入电石堆进行清理卫生及捆绑电石，电石坍塌。

4.1.2.4 环境危险特性

① 环境潮湿：室外温度低、阴雨天气环境潮湿，造成厂房内电石粉化速度较快。

② 恶劣天气：大风天气厂房人员未佩戴护目镜，雨雪天气雨水进入厂房内与电石反应。

4.1.3 懂设备原理

① 电石灰斗见图4-1。

原理：灰斗整体采用Q235中板，厚度为20mm，整体焊接而成，场地积灰装满后装车吊运。

功能：清理电石场地积灰及电石粉末。

② 吊装链条见图4-2。

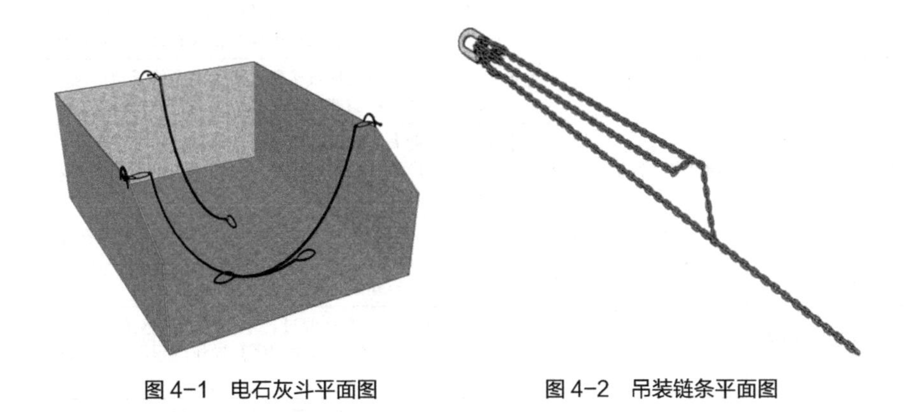

图4-1　电石灰斗平面图　　图4-2　吊装链条平面图

原理：由ϕ40mm圆钢制作的圆环与链条组成，操作工用链条将冷却电石兜捆，装车吊钩将链条吊环钩起使用。

功能：吊装冷却电石装车及甩大堆使用。

③ 挂钩见图 4-3。

原理：整体由ϕ16mm 无缝管制作，柄长1700mm，前端弯制挂钩，后端焊接手柄。

功能：电石吊装时，电石堆空间狭小，方便操作人员悬挂吊装链条。

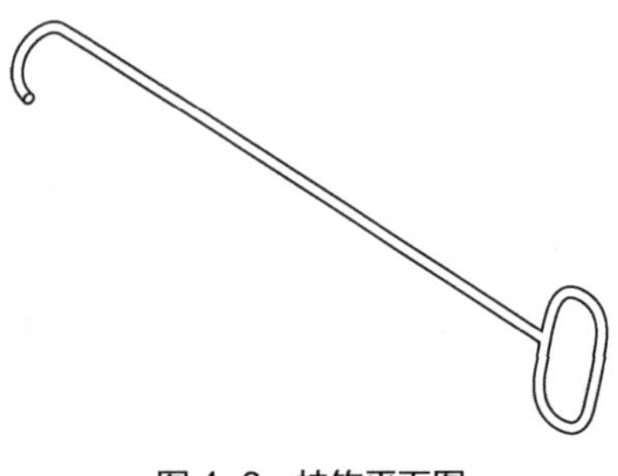

图 4-3 挂钩平面图

④ 电动液压抓斗详细请参照图 3-9、图 3-10。

4.1.4 懂法规标准

4.1.4.1 装车岗位所涉及法律

装车岗位所涉及法律见表 4-1。《中华人民共和国安全生产法》简称《安全生产法》，《中华人民共和国职业病防治法》简称《职业病防治法》。

表 4-1 装车岗位所涉及法律一览表

序号	类别	法规标准	适用条款内容
1	人员资质	《安全生产法》	第二十八条 生产经营单位应当对从业人员进行安全生产教育和培训，保证从业人员具备必要的安全生产知识，熟悉有关的安全生产规章制度和安全操作规程，掌握本岗位的安全操作技能，了解事故应急处理措施，知悉自身在安全生产方面的权利和义务。未经安全生产教育和培训合格的从业人员，不得上岗作业
2	人员资质	《安全生产法》	第三十条 生产经营单位的特种作业人员必须按照国家有关规定经专门的安全作业培训，取得相应资格，方可上岗作业
3	人员资质	《安全生产法》	第五十八条 从业人员应当接受安全生产教育和培训，掌握本职工作所需的安全生产知识，提高安全生产技能，增强事故预防和应急处理能力
4	应急管理	《安全生产法》	第五十四条 从业人员有权对本单位安全生产工作中存在的问题提出批评、检举、控告；有权拒绝违章指挥和强令冒险作业
5	应急管理	《安全生产法》	第五十五条 从业人员发现直接危及人身安全的紧急情况时，有权停止作业或者在采取可能的应急措施后撤离作业场所
6	应急管理	《安全生产法》	第五十九条 从业人员发现事故隐患或者其他不安全因素，应当立即向现场安全生产管理人员或者本单位负责人报告；接到报告的人员应当及时予以处理
7	职业健康	《安全生产法》	第五十三条 生产经营单位的从业人员有权了解其作业场所和工作岗位存在的危险因素、防范措施及事故应急措施，有权对本单位的安全生产工作提出建议
8	职业健康	《安全生产法》	第五十七条 从业人员在作业过程中，应当严格落实岗位安全责任，遵守本单位的安全生产规章制度和操作规程，服从管理，正确佩戴和使用劳动防护用品
9	职业健康	《职业病防治法》	第二十二条 用人单位必须采用有效的职业病防护设施，并为劳动者提供个人使用的职业病防护用品

4.1.4.2 装车岗位所涉及标准

装车岗位所涉及标准见表4-2。

表4-2 装车岗位所涉及标准一览表

序号	类别	法规标准	适用条款内容
1	培训教育	《新疆维吾尔自治区安全生产条例》	第十四条 生产经营单位应当按照国家有关规定，对从业人员进行安全生产教育和培训，并建立从业人员安全培训档案，如实记录培训时间、内容以及考核情况
2		《安全生产培训管理办法》	第十条 生产经营单位应当建立安全培训管理制度，保障从业人员安全培训所需经费，对从业人员进行与其所从事岗位相应的安全教育培训；从业人员调整工作岗位或者采用新工艺、新技术、新设备、新材料的，应当对其进行专门的安全教育和培训。未经安全教育和培训合格的从业人员，不得上岗作业
3		《安全生产培训管理办法》	第十三条 生产经营单位新上岗的从业人员，岗前培训时间不得少于24 学时
4		《安全生产培训管理办法》	第十八条 安全监管监察人员、从事安全生产工作的相关人员、依照有关法律法规应当接受安全生产知识和管理能力考核的生产经营单位主要负责人和安全生产管理人员、特种作业人员的安全培训的考核，应当坚持教考分离、统一标准、统一题库、分级负责的原则，分步推行有远程视频监控的计算机考试
5		《生产经营单位安全培训规定》	第十七条 从业人员在本生产经营单位内调整工作岗位或离岗一年以上重新上岗时，应当重新接受车间（工段、区、队）和班组级的安全培训。生产经营单位实施新工艺、新技术或者使用新设备、新材料时，应当对有关从业人员重新进行有针对性的安全培训
6		《化工企业中毒抢救应急措施规定》	第十六条 凡新入厂或调换新的作业岗位者，均应进行有关安全规程、防毒急救常识等教育。经考试及格后发给《安全作业证》，才能允许在有毒岗位上作业
7	职业健康	《用人单位劳动防护用品管理规范》	第九条 用人单位使用的劳务派遣工、接纳的实习学生应当纳入本单位人员统一管理，并配备相应的劳动防护用品。对处于作业地点的其他外来人员，必须按照与进行作业的劳动者相同的标准，正确佩戴和使用劳动防护用品
8		《用人单位劳动防护用品管理规范》	第十二条 同一工作地点存在不同种类的危险、有害因素的，应当为劳动者同时提供防御各类危害的劳动防护用品。需要同时配备的劳动防护用品，还应考虑其可兼容性
9		《用人单位劳动防护用品管理规范》	第十四条 用人单位应当在可能发生急性职业损伤的有毒、有害工作场所配备应急劳动防护用品，放置于现场临近位置并有醒目标识
10	变更管理	《化工企业工艺安全管理实施导则》	4.4.2 培训管理程序应包含培训反馈评估方法和再培训规定。对培训内容、培训方式、培训人员、教师的表现以及培训效果进行评估，并作为改进和优化培训方案的依据；再培训至少每三年举办一次，根据需要可适当增加频次。当工艺技术、工艺设备发生变更时，需要按照变更管理程序的要求，就变更的内容和要求告知或培训操作人员及其他相关人员
11	应急管理	《生产安全事故应急预案管理办法》	第十五条 对于危险性较大的场所、装置或者设施，生产经营单位应当编制现场处置方案。现场处置方案应当规定应急工作职责、应急处置措施和注意事项等内容。事故风险单一、危险性小的生产经营单位，可以只编制现场处置方案

续表

序号	类别	法规标准	适用条款内容
12		《生产安全事故应急预案管理办法》	第三十一条　生产经营单位应当组织开展本单位的应急预案、应急知识、自救互救和避险逃生技能的培训活动，使有关人员了解应急预案内容，熟悉应急职责、应急处置程序和措施
13		《化工企业急性中毒抢救应急措施规定》	第六条　有毒车间应成立抢救组。100人以上的车间至少有4名兼职救护员；有剧毒车间的企业应配备专职医务人员，昼夜值班，以便发生急性中毒时进行紧急抢救。车间抢救组由车间主任担任组长，安全员、工艺员、救护员、检修班长等参加
14		《化工企业急性中毒抢救应急措施规定》	第九条　有毒车间应备有急救箱，由专人保管，定期检查、补充和更换箱内的药品和器材
15		《电石生产安全技术规程》	出炉系统漏水应紧急停电处理
16	安全生产	《化工企业急性中毒抢救应急措施规定》	第二十一条　工人操作、检修和采样分析时，要严格执行各项操作规程，任何人不得更改。工人有权拒绝执行违反安全规定的指示

4.1.5 懂制度要求

装车岗位涉及相关制度见表4-3。

表4-3　装车岗位涉及相关制度一览表

序号	类别	规章制度	适用条款内容	使用岗位
1	安全环保	动火作业管理规定	动火指标：一氧化碳（CO）浓度≤0.5%；氧含量（O_2）19.5%～21%。防范措施：安全隔离、关闭送气盲板阀、进行氮气置换、检测分析	装车岗位
2		受限空间作业管理规定	受限指标：甲烷（CH_4）≤25mg/m^3，一氧化碳（CO）≤30mg/m^3，氧（O_2）19.5%～21%，C_2H_2≤0.2%。防范措施：安全隔离、关闭送气盲板阀、进行氮气置换、检测分析、保持通信畅通	装车岗位
3		高处作业管理规定	使用全身式安全带，高挂低用，挂靠在固定点	装车岗位
4		临时用电管理规定	电源线要求无破损、漏电保护器完好、距离地面不小于2m	装车岗位
5	班组建设	电石三车间班组十项制度汇编	1. 岗位专责制；2. 全员安全生产责任制；3. 交接班制；4. 巡回检查制；5. 经济核算制；6. 质量负责制；7. 设备维护保养制；8. 岗位练兵制；9. 文明生产责任制；10. 思想政治工作责任制	装车岗位
6	设备设施	工器具管理规定	工器具使用者应熟悉工器具的使用方法，在使用前应进行常规检查，不准使用外观有缺陷等不合格的工器具，外界环境条件不符合使用工器具的要求、使用者佩戴劳动保护用品不符合规定时不准使用。应按工器具的使用方法规范使用工器具，爱惜工器具，严禁超负荷、错用、野蛮使用工器具	装车岗位

续表

序号	类别	规章制度	适用条款内容	使用岗位
7		设备润滑管理规定	严格按照设备润滑卡加油标准执行，按照先加油后填写设备润滑记录，加油完毕后在“设备润滑记录本”进行准确记录	装车岗位
8		对讲机使用管理规定	对讲机一机一岗专用，班班交接，严禁转借他人，严禁个人携带外出，遵守“谁使用，谁保管；谁损坏，谁负责”的原则，丢失、损坏的，按规定赔偿。严禁使用对讲机进行聊天、说笑，不得用对讲机讲一些与工作无关的事情。严格按照规定频道使用，严禁占用其他频道，或故意扰乱其他频道	装车岗位
9		防雷防静电接地管理规定	检查接地装置连接处是否有松动、脱焊、接触不良的情况。接地装置、检查引下线接地连接端所用镀锌螺栓、镀锌垫圈和镀锌弹簧垫圈等部件是否齐全	装车岗位

4.2 五会

4.2.1 会生产操作

4.2.1.1 绑链条作业

① 人员站位：在捆绑链条作业期间，人员严禁站在粉化电石堆内捆绑电石；在装车期间，人员与运行铲车保持 10m 安全距离；指挥拉运车辆倒车入库时，人员严禁站在车辆后方盲区进行指挥；冷却电石起吊作业时，人员必须保持 5m 安全距离，严禁在吊物下方穿行及逗留；夹吊热电石时，人员必须保持 10m 安全距离。

② 链条捆绑方式方法：捆绑电石时，链条均匀地绑在电石周围，确保起吊后电石保持平衡，使用链条捆绑电石时，最少缠绕 2 圈，防止行车在运行期间因晃动脱开。

③ 工器具的使用：使用链条捆绑电石时，使用辅助工具（铁钩）进行辅助作业，严禁人员进入电石堆内捆绑链条。

4.2.1.2 装车作业

① 待大块电石温度降至 70℃以下，再进行装车。

② 检查电石车辆拍照留痕（车厢内无积水、杂物，保持干燥）。

③ 电石车辆篷布遮盖（四层篷布的检查）。

4.2.2 会异常分析

装车异常情况见表 4-4。

表 4-4 装车异常情况一览表

异常情况	存在的现象	原因分析	处理措施
工器具异常	1. 链条开焊 2. 灰斗钢丝绳断股 3. 灰斗吊环磨损 4. 挂钩变形	1. 链条使用时间较长，作业前未检查到位 2. 长时间使用磨损 3. 作业期间存在歪拉斜吊现象	1. 作业期间认真检查链条完好率，发现开焊现象及时进行补焊加固 2. 钢丝绳一捻距内断丝数不得超过总丝数的10%，径向磨损和腐蚀不得超过原直径的40%，对断股断丝现象进行及时编制更换 3. 链条、灰斗吊环磨损严重时及时进行补焊更换 4. 作业期间严禁进行歪拉斜吊

4.2.3 会设备巡检

4.2.3.1 巡检路线

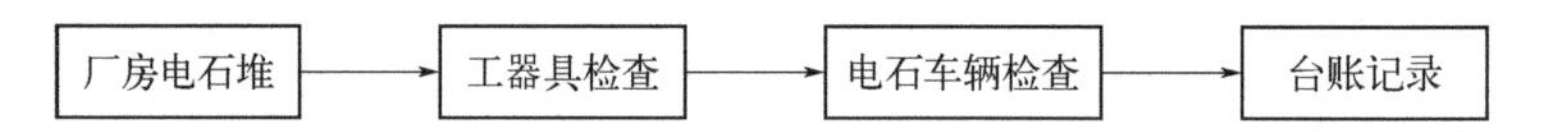

4.2.3.2 设备巡检内容及判定标准

设备巡检内容及判定标准见表 4-5。

表 4-5 设备巡检内容及判定标准一览表

设备名称	巡检内容	判定标准	巡检周期
链条	1. 链条吊环有无磨损 2. 链条有无变形，接头有无开焊	1. 吊环磨损量未达到三分之一 2. 链条链环无明显变形，焊口无开裂	4h/次
电石灰斗	1. 灰斗有无明显变形 2. 吊环有无磨损 3. 钢丝绳有无断股磨损	1. 灰斗底部及两侧平整 2. 吊环磨损量未达到三分之一 3. 钢丝绳一捻距内断丝数不得超过总丝数的 10%，径向磨损和腐蚀不得超过原直径的 40%	4h/次
挂钩	挂钩杆有无变形	挂钩杆笔直，无弯曲情况	4h/次

4.2.4 会风险辨识

4.2.4.1 LEC 辨识方法

LEC 辨识方法详细请参考 1.2.4.1 小节。

4.2.4.2 JSA 辨识方法

JSA 辨识方法详细请参考 1.2.4.2 小节。

工作安全分析表详细见表 4-6。

表 4-6 工作安全分析（JSA）表

部门	电石三车间	工作任务简述	甩大堆、装车	
分析人员	蒿某	许可证	装车安全确认卡	特种作业人员是否有资质证明：☑是 □否
相关操作规程	□有 ☑无	有无交叉作业	□有 ☑无	
工作步骤	危害描述（后果及影响）		控制措施	落实人
捆绑电石	在捆绑链条作业期间，人员站在粉化电石堆内捆绑电石作业，存在人员物体打击风险		链条捆绑电石时，使用辅助工具（铁钩）进行辅助作业，严禁人员进入电石堆内捆绑链条	李某
行车起吊作业	行车在起吊作业期间，人员未与起重设备及吊物保持 5m 安全距离，存在物体打击及起重伤害风险		行车在起吊作业期间，严禁人员手扶吊物及工器具，人员必须与起重设备及吊物保持 5m 安全距离	李某
指挥拉运车辆倒车入库	指挥车辆入库时，指挥人员站在车辆侧方及后方指挥，存在人员车辆伤害风险		指挥人员必须穿反光背心，指挥人员严禁站在车辆侧方及后方指挥	李某
电石温度＞70℃以上	电石温度＞70℃以上，易造成拉运车辆篷布烧损存在火灾、爆炸风险		电石温度＞70℃以上时严禁进行装车作业	李某
拉运车辆箱体潮湿	作业人员装车前检查不仔细，拉运车辆箱体潮湿有积水，与电石反应，存在着火闪爆风险		作业人员装车前必须认真检查车辆箱体，确认干燥无积水现象，拍照留痕后，方可进行装车作业	李某
遮盖篷布	拉运司机遮盖篷布高处作业时，未佩戴全身式安全带，存在高处坠落风险		拉运司机遮盖篷布高处作业时，必须佩戴全身式安全带，高挂低用，监护人员全程监护	李某
应急措施	1. 现场指派专人监护，如遇突发情况，检修及监护人员及时撤离 2. 如遇人员灼烫、中暑等情况，现场人员应及时应急处理，并送往医务室			
参与交底人员	焦某、马某、朱某			

4.2.4.3 SCL 安全检查表法

SCL 安全检查表法详细请参考 1.2.4.3 小节。

安全检查见表 4-7。

表 4-7 安全检查表（SCL）

序号	检查部位	检查内容	检查结果（是√或否×）	检查时间	检查人员	负责人	检查情况及整改要求	备注
1	冷却厂房	现场警示牌悬挂顺序是否规范（黄红蓝绿）	×	××××-××-××	张某	李某	冷却厂房门口警示标识顺序错误，按照（黄红蓝绿）顺序进行调整	
2	冷却厂房	现场警示标识中心点位置离地面悬挂高度是否在 1.5～1.8m 之间	×	××××-××-××	张某	李某	冷却现场警示标识悬挂高度低于 1.5m，按照警示标识悬挂高度标准重新悬挂	

续表

序号	检查部位	检查内容	检查结果（是√或否×）	检查时间	检查人员	负责人	检查情况及整改要求	备注
3	冷却厂房	厂房内是否悬挂当心灼烫警示牌	√	××××-××-××	张某	李某		
4	冷却厂房	电石炉炉墙是否挂置当心烫伤警示牌	√	××××-××-××	张某	李某		
5	冷却厂房	厂房内照明是否通电完好	√	××××-××-××	张某	李某		
6	冷却厂房	厂房内单臂吊卡是否完好	×	××××-××-××	张某	李某	2 号单臂吊卡，吊环磨损超过三分之一，按照标准进行更换	
7	冷却厂房	干粉灭火器压力是否正常（绿色区域 1.0～1.4MPa）	√	××××-××-××	张某	李某		
8	冷却厂房	车辆是否放置防溜车枕木	√	××××-××-××	张某	李某		

4.2.5 会应急处置

4.2.5.1 冷却厂房着火

冷却厂房着火应急处置卡见表 4-8。

表 4-8 冷却厂房着火应急处置卡

突发事件描述	遭遇恶劣大雨大雪异常天气，雨雪水进入冷却厂房，容易造成电石库着火		
工序名称	装车岗位		
岗位	装车工	危险等级	中等
主要危害因素	电石遇水反应生成乙炔气体（乙炔极易燃烧，其点火能量均较低），造成闪爆		
应急注意事项	1．对电石库低洼地带使用防洪沙袋进行引流 2．严禁使用水对着火点进行灭火，使用沙土扑灭 3．应急人员必须规范穿戴好劳动防护用品		
劳动防护用品	阻燃服、安全帽、劳保鞋、防尘口罩、反光背心		
应急处置措施	 1．立即向车间管理人员汇报 2．现场人员用沙袋隔断水源		

续表

应急处置措施	 3．通知班组长立即联系调度通知铲车　4．铲车将遇水着火的电石铲运分散 5．现场火势无法控制时立即拨打报警电话进行处置，并落实现场有无人员伤亡及时送医救治
安全警示标识	当心火灾

4.2.5.2　人员车辆伤害

人员车辆伤害应急处置卡见表 4-9。

表 4-9　人员车辆伤害应急处置卡

突发事件描述	站在车辆后方盲区指挥倒车，在盲区作业，作业人员未保持安全距离，造成人员车辆伤害		
工序名称	装车岗位		
岗位	装车工	危险等级	中等
主要危害因素	1．站在盲区指挥电石车辆 2．未与运行车辆保持安全距离		
应急注意事项	1．在包扎伤员受伤部位时，严禁盲目处理 2．电石车辆倒车时必须站在侧方向指挥，指挥人员穿戴反光背心 3．应急人员必须规范穿戴好劳动防护用品		
劳动防护用品	阻燃服、安全帽、劳保鞋、防尘口罩、反光背心		
应急处置措施	1．立即发出车辆停止信号并通知班组长　2．组织人员受伤部位进行包扎		

应急处置措施	3．拨打救援电话	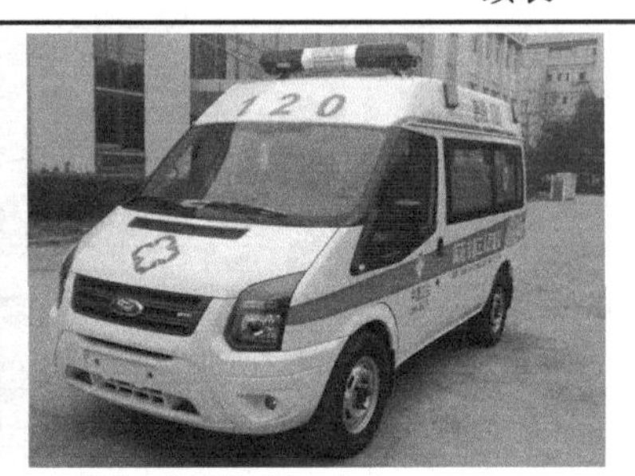4．送往医院进行治疗治疗
安全警示标识		

4.2.5.3　人员灼烫

人员灼烫应急处置卡见表4-10。

表4-10　人员灼烫应急处置卡

突发事件描述	现场作业人员劳动穿戴不齐全，接触高温物体表面，造成人员灼、烫伤		
工序名称	装车岗位		
岗位	装车工	危险等级	中等
主要危害因素	1．行车工在夹吊电石期间，装车人员未保持安全距离，电石夹爆滑卡造成人员烫伤 2．作业过程中未佩戴全套劳动防护用品，捆绑时赤手触摸物体表面		
应急注意事项	1．应急人员必须与热电石保持5m安全距离 2．应急过程中严禁赤手触摸热电石表面 3．应急人员必须规范穿戴好劳动防护用品		
劳动防护用品	阻燃服、安全帽、劳保鞋、防尘口罩、反光背心		
应急处置措施	1．迅速将烫伤人员脱离危险区域	2．使用流动的清水对烫伤部位进行降温	

续表

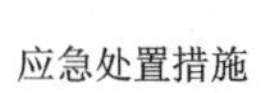应急处置措施	 3．对伤口进行涂抹烫伤膏、包扎	 4．拨打急救电话，根据伤情，送至医院抢救、治疗
安全警示标识		

4.2.5.4　人员物体打击

人员物体打击应急处置卡见表 4-11。

表 4-11　人员物体打击应急处置卡

突发事件描述	人员未与粉化电石保持安全距离，捆绑电石期间进入电石堆、跨越运行钢丝绳造成人员物体打击		
工序名称	装车岗位		
岗位	装车工	危险等级	中等
主要危害因素	1．人员在捆绑电石期间，未使用辅助工具作业进入电石堆，电石坍塌 2．厂房内装车人员跨越运行中的钢丝绳，造成人员物体打击 3．在捆绑电石期间，未对链条完好度进行检查，链条断裂，电石脱落		
应急注意事项	1．在包扎期间，人员严禁盲目施救 2．应急人员必须规范穿戴好劳动防护用品		
劳动防护用品	阻燃服、安全帽、劳保鞋、防尘口罩、反光背心		
应急处置措施	1．迅速将受伤人员脱离危险区域	2．用生理盐水进行清洗，用酒精进行消炎、包扎	

应急处置措施	 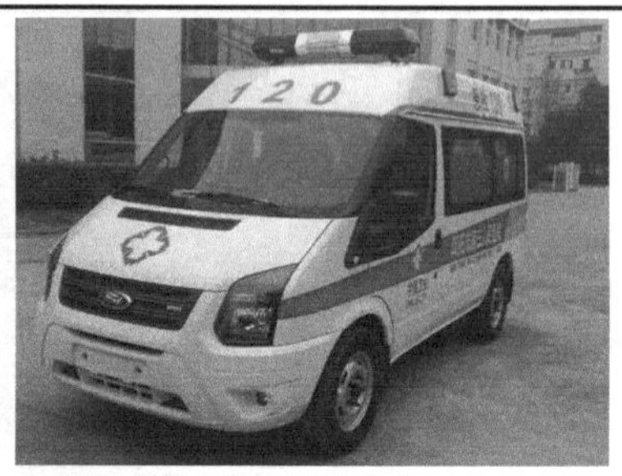 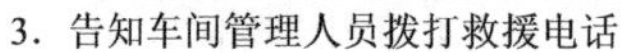 3．告知车间管理人员拨打救援电话　4．根据伤情，送往医院治疗
安全警示标识	

4.3 五能

4.3.1 能遵守工艺纪律

严禁电石温度超过70℃装车作业。

4.3.2 能遵守安全纪律

装车工岗位安全纪律见表4-12和图4-4～图4-9。

表4-12 装车工序安全纪律一览表

序号	安全纪律
1	跨越运行钢丝绳
2	作业人员从装车吊物下方横穿通过
3	捆绑电石期间，未使用铁钩拉取链条
4	吊装电石过程中未与吊物保持安全距离
5	对电石车辆未进行安全检查且拍照留痕
6	人员站在后方盲区指挥车辆倒车
7	驾驶员未佩戴安全带在指定地点遮盖篷布
8	装车期间，对铲车运行区域未拉设警戒隔离设施
9	铲车装车期间，人员未与运行铲车保持安全距离

图 4-4　人员未与吊物保持安全距离

图 4-5　人员撤离至安全区域进行起吊作业

图 4-6　装车工站在车辆后方盲区指挥倒车

图 4-7　装车工侧方指挥车辆倒车入库

图 4-8　装车区域未拉设安全警戒带

图 4-9　装车区域拉设安全警戒带

4.3.3　能遵守劳动纪律

4.3.3.1　能遵守本岗位劳动纪律

装车岗位劳动纪律见表 4-13 和图 4-10、图 4-11。

表 4-13　装车岗位劳动纪律一览表

序号	违反劳动纪律
1	违反生产厂区十四个不准内容
2	违反上岗“十不”内容
3	未严格履行监护人职责
4	在厂区内喝酒闹事、打架斗殴
5	装车、甩电石及指挥车辆未穿戴反光马甲
6	未按时填写装车记录

图 4-10　作业人员未穿反光马甲作业

图 4-11　作业人员劳保穿戴齐全

4.3.3.2　劳动防护用品配备标准

装车岗位防护用品配备标准见表 4-14，装车岗位劳动防护用品穿戴见图 4-12。

表 4-14　装车岗位防护用品配备标准一览表

配发劳动防护用品种类	发放周期
阻燃服	6 月/套
棉衣	3 年/套
夏季工装	3 年/套
玻璃钢安全帽	3 年/顶
N95 防尘口罩	4 只/月
劳保鞋	6 月/双
反光背心	3 月/件
焊工手套	1 双/月
防尘眼镜	6 月/个
帆布手套	2 双/月

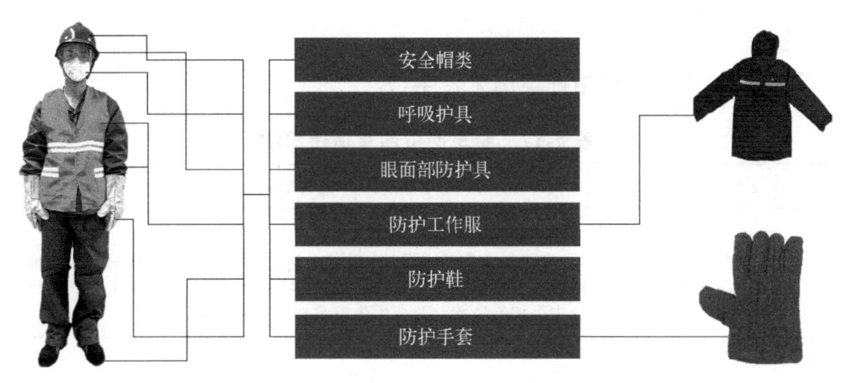

图 4-12　装车岗位劳动防护用品穿戴图

4.3.4　能制止他人违章

装车岗位违章行为见表 4-15。

表 4-15　装车岗位违章行为一览表

违章行为	监督举报	积分奖励
1. 装车前未对电石进行测温 2. 在捆绑电石时，人员违规进入电石堆内作业 3. 不具备作业条件违规作业 4. 作业人员私自修改、篡改作业方案及票证 5. 跨越厂房内运行的钢丝绳 6. 驾驶员在插棚杆作业期间未佩戴安全带	向现场安全人员举报	+1
	告知现场负责人	+1
	批评教育	+2
	现场纠错	+2
	安全提醒	+1
	行为观察	+2
	组织培训	+2
	提供学习资料	+2
	告知违章后果	+2

4.3.5　能抵制违章指挥

装车岗位违章指挥见表 4-16。

表 4-16　装车岗位违章指挥一览表

违章指挥	抵制要求
1. 指挥未取得特种作业证人员操作特种设备 2. 未挂安全带，强令高处作业 3. 未办理票证，强令检修作业 4. 电石未到冷却时间，强令装车 5. 强令使用单臂卡子夹吊电石锅作业 6. 电石夹吊困难，强令作业人员手扶单臂卡子作业 7. 设备未断电，强令操作人员检修作业	抵制违章指挥，坚决不违章操作
	撤离现场，不执行违章指挥命令
	现场安全提醒，纠错
	告知车间或公司
	监督举报
	向公司检举信箱投递
	帮助他人，一同抵制违章指挥
	现身说法，告知身边人
	经验分享，分享抵制违章指挥的行为
	参与培训，清楚违章指挥和违章作业行为

反“三违”案例如下。

① 装车岗位人员违章指挥案例见表4-17。

表4-17 装车岗位违章指挥案例

时间	2月11日	地点	冷却厂房	部门	电石车间	类型	违章指挥
事情经过 ××年2月11日在检查中发现，某电石车间丁班员工田某、王某、陈某、李某4人在冷却厂房外警戒带区域内清理积冰（作业区域上方留有冰挂，存在物体打击风险）。检查人员立即制止了以上人员的现场违章作业行为，并对作业人员进行了批评教育。后经核实，此项工作由车间安全员李某安排							
原因分析 1. 某电石车间安全员李某在安排工作前，未对作业区域现场风险进行有效辨识，即违章指挥当班人员清理警戒区域内地面积冰，是此次违章事件的直接原因 2. 某电石车间对员工日常安全培训教育不到位，作业前对作业区域现场风险辨识不到位，是此次违章事件管理方面原因							
整改措施 1. 各部门应加强日常危险源辨识培训工作，杜绝此类“三违”事件再次发生 2. 各部门要深刻吸取此次事件的教训，各级管理人员在安排日常工作前，必须对可能存在的作业风险进行有效辨识，并制定相关安全管控措施，在具备安全作业的条件下，方可进行作业 3. 各部门在开展公司“安全四问”活动时，应落实到日常工作中，避免流于形式							

② 装车岗位人员违章操作案例见表4-18。

表4-18 装车岗位违章操作案例

时间	3月5日	地点	冷却厂房	部门	电石车间	类型	违章操作
事情经过 ××年3月5日，某电石车间装车工包某，在天气异常情况下，未对进厂电石拉运车辆认真检查，指挥人员进行装车，装车完成后，电石拉运车辆发生闪爆。经过分析，由于此电石拉运车辆内部潮湿，与电石反应发生闪爆							
原因分析 1. 装车工包某对公司所下发关于装车操作作业指导书内容不清楚 2. 装车工包某自身安全意识淡薄，未严格按照要求对车辆内部拍照留痕 3. 班组日常管理欠缺，对装车中控岗位人员要求不严格，班组内部培训流于形式，未能使员工将各项操作规程深入脑海							

续表

整改措施
1．各岗位人员严格按照公司、车间下发的各项管理规定及要求进行作业 2．要求异常天气装车人员加大拉运车辆安全检查工作，并且进行逐步拍照留痕 3．各班组管理人员加强对班组人员内部培训工作，将各项规章制度落实落地

③ 装车岗位人员违反劳动纪律案例见表4-19。

表4-19　装车岗位人员违反劳动纪律案例

时间	5月12日	地点	冷破休息室	部门	电石车间	类型	违反劳动纪律
事情经过 ××年5月12日13:00左右，某电石车间装车工王某，在冷破休息室打瞌睡							
原因分析 1．班组管理人员日常监督管理不到位，班组缺少相关安全培训 2．装车班组班组长祁某对监督管理不到位，对现场危险性未能起到实时监督作用							
整改措施 1．各班组人员合理安排作息时间，严禁在岗期间打瞌睡 2．同宿舍人员做好相互监督工作，时刻提醒岗位人员调整作息时间，杜绝在岗期间精神涣散							

第五章

净化岗位五懂五会五能

岗位描述：负责电石炉炉气净化系统的生产操作，设备巡检，以及对异常情况进行紧急处置。

5.1 五懂

5.1.1 懂工艺技术

5.1.1.1 工艺原理

① 气力输送：又称气流输送，是利用气流的能量在密闭管道内沿气流方向输送颗粒状物料。

② 净化：炉气净化装置主要是将密闭电石炉冶炼后产生的高温尾气，通过净气烟道排入炉气净化装置内部进行沉降、冷却、精过滤，最终将净化合格后的尾气经煤气管道送入气烧石灰窑。

5.1.1.2 工艺特点

（1）气力输送

优点：结构简单、操作方便、输送量大、距离长、速度快。

缺点：管壁磨损大。

（2）双空冷仓

除尘效果好、炉气温度降低快、布袋使用年限长。

（3）自动点火

点火效率高、使用寿命长、操作简便、安全可靠。

5.1.1.3 基本概念

① 空冷前后温度：经过两级沉降仓粗过滤使炉气温度降低至指标范围内，避免出现布袋烧损、密封松动、气力输灰受阻等。

② 反吹装置：布袋除尘器箱体分隔成若干个小箱体，每个小箱体由若干条滤袋组成。当除尘器过滤粉尘气体到设定时间后，时间继电器给反吹装置电磁阀信号，第一个箱体的提升阀开始关闭，切断过滤气流，然后箱体的脉冲阀开启，炉气进入净气室，由滤袋内部反向吹出，清理滤袋上的粉尘。

③ 净化放散：当某种暂时原因使控制点的压力超过设定值时，排放一定量的气体。

5.1.1.4 净化工艺流程图

净化工艺流程图见图 5-1。

5.1.1.5 工艺指标表

详细请参考 1.1.1.4 小节工艺指标。

5.1.2 懂危险特性

5.1.2.1 过程危险特性

① 负压操作：长时间负压操作，净化系统进入大量空气，导致温度过高，造成防爆膜破裂。

② 管压调整：未调整放散开度，导致管压过高，造成净化风机处大量一氧化碳气体泄漏。

5.1.2.2 物质危险特性

① 一氧化碳：有毒有害（接触限值：15～30mg/m^3）；易燃易爆（爆炸极限：12.5%～74.2%）。

② 氢气：易燃易爆（爆炸极限：4.0%～75.6%）。

③ 氮气：惰性气体，吸入可导致窒息。

④ 净化灰：进入眼睛，容易导致眼部泛红，吸入呼吸道，引成咳嗽，呼吸不畅。

5.1.2.3 设备设施危险特性

① 触碰离心风机联轴器导致人员身体部位绞伤。

② 长时间在粗气、净气风机处停留导致人员中毒。

③ 触碰高温管线或仓体，导致人员烫伤。

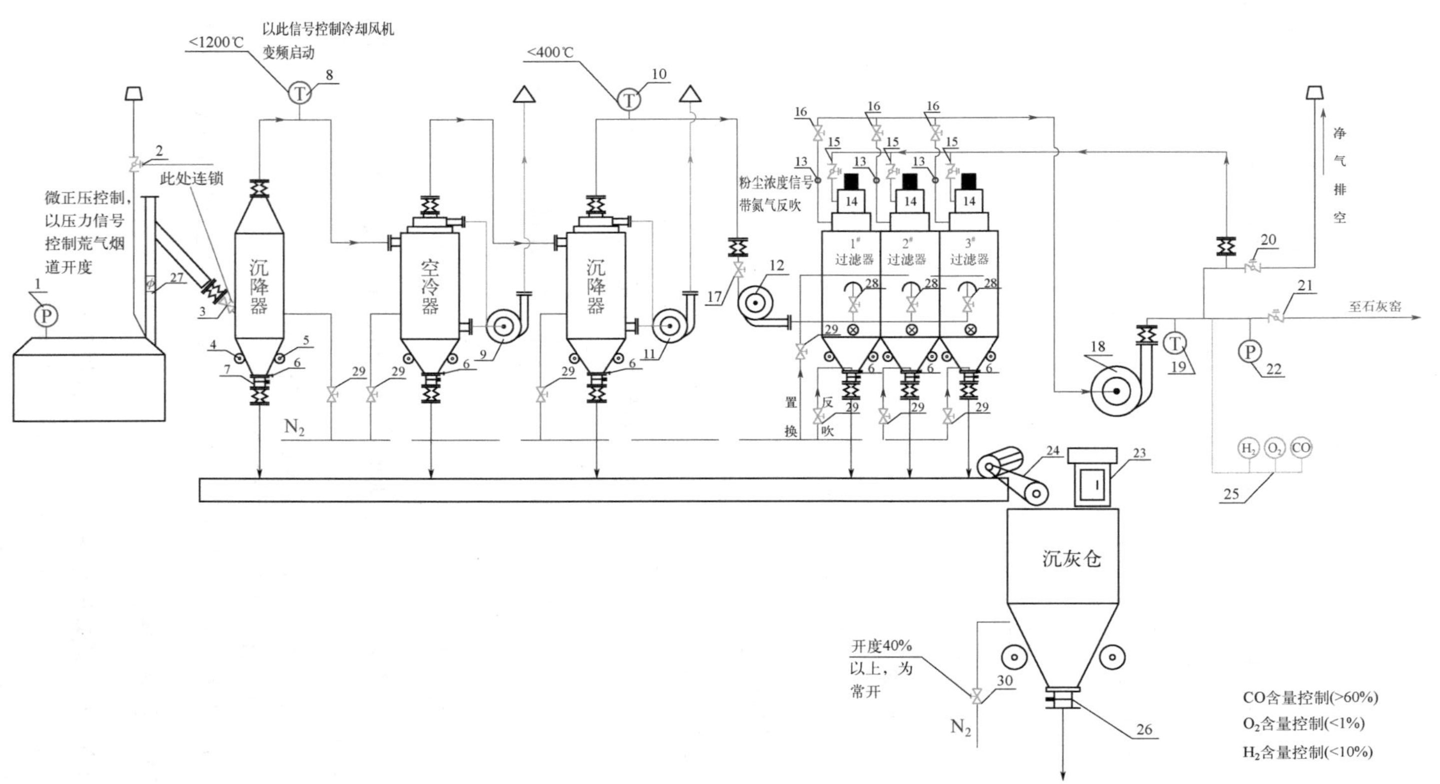

图 5-1　净化工艺流程图

1—压力变送器（炉压）；2—气动碟阀（排空）；3—水冷烟道阀；4—震动器；5—人孔；6—检修闸阀；7—卸灰阀；8—温度传感器（空冷前）；9—1#空冷风机；10—温度传感器（空冷后）；11—2#空冷风机；12—粗气风机；13—粉尘检测仪；14—反吹减速机；15—反吹阀；16—出口阀；17—检修阀；18—净气风机；19—出口温度；20—排空阀；21—至石灰窑总阀；22—管道压力传感；23—小布袋仓（排气用）；24—刮板机；25—取样点（检测 H_2，O_2、CO 浓度）；26—出口卸灰阀；27—炉气抽出阀；28—布袋过滤器进气阀；29—氮气阀；30—沉灰仓氮气阀

5.1.2.4 环境危险特性

① 高温：高温炉气由净气烟道进入净化装置系统内，使各仓体整体温度较高。

② 粉尘：净化装置正常运行各设备设施因设备密封老化，导致净化区域存在一定的净化灰。

③ 噪声：净化灰容易在各仓体上方黏附，现有的仓体上方安装电振机及风镐振打器，当电振机或风镐振打器运行时，造成现场声音嘈杂，人员现场作业，使得作业人员处于噪声环境中。

5.1.3 懂设备原理

5.1.3.1 设备类

① 链式刮板输送机见图 5-2 和图 5-3。

图 5-2 净化链式刮板输送机示意图

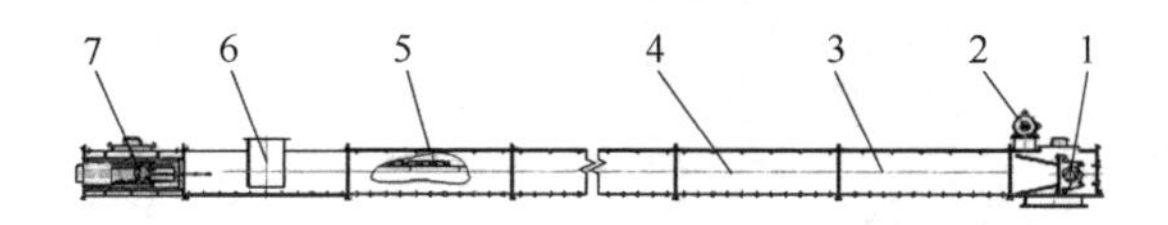

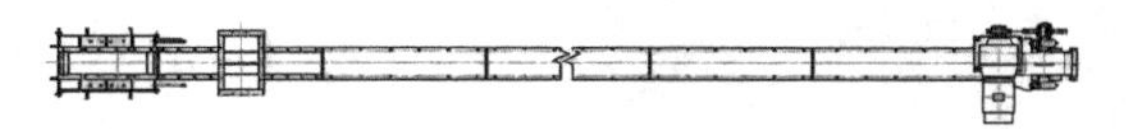

图 5-3 净化链式刮板输送机结构图

1—头部组件；2—驱动装置；3—过渡段；4—水平中间段；5—链条总成；6—中间加料段；7—尾部组件

原理：主要由驱动装置、首节（传动大链轮、传动链条）、中间节、尾节（从动轮和输送链张紧装置）、输送链、轨道、进料口和出料口组成，电机经由减速机间接驱动。

功能：用于输送空气、煤气及温度低于 80℃的无腐蚀气体、物质。

② 沉降仓见图 5-4 和图 5-5。

图 5-4　净化沉降仓示意图

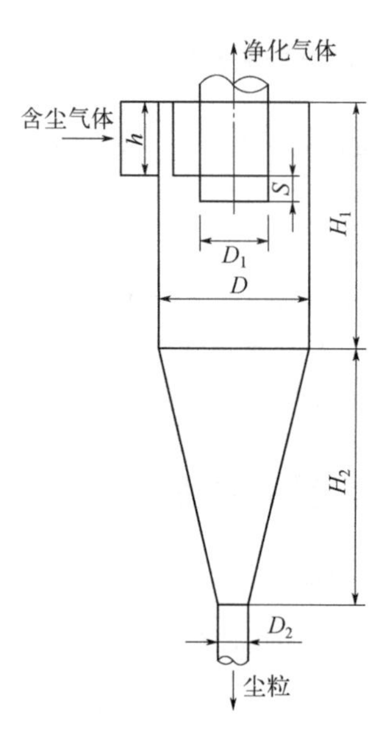

图 5-5　净化沉降仓结构图

原理：电石炉产生的 400～1000℃的混合粉尘及气体经过净气烟道，在粗气风机的作用下进入沉降仓。

功能：降低温度，过滤粉尘。

③ 空冷仓见图 5-6 和图 5-7。

图 5-6　净化空冷仓示意图

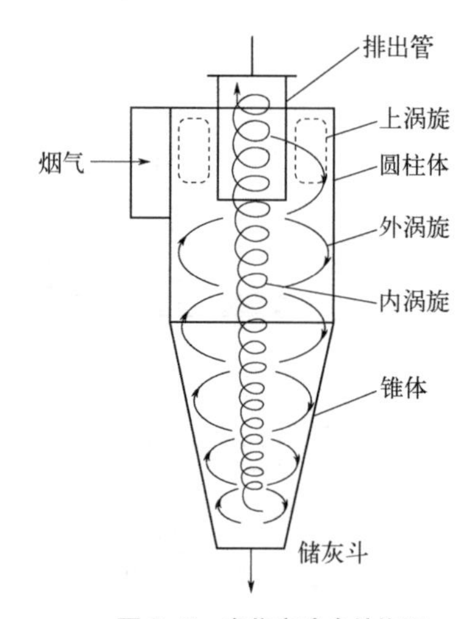

图 5-7　净化空冷仓结构图

原理：电机经由减速机间接驱动；利用旋转气流所产生的离心力将尘粒从含尘气流中分离出来。

功能：降低温度，过滤粉尘。

④ 布袋仓见图 5-8 和图 5-9。

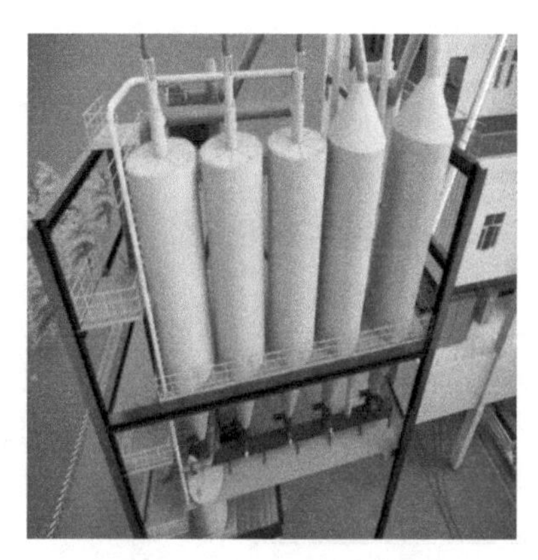

图 5-8 净化布袋仓示意图

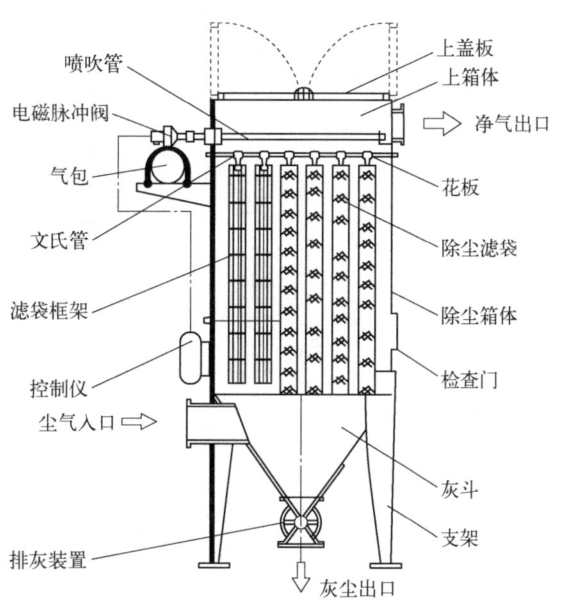

图 5-9 净化布袋仓结构图

原理：主要由 3 个直径 3000mm、高度 6000mm 的仓体及卸灰阀组成，由粗气风机送出，净气风机抽取，每个布袋仓有 8 个小仓，每个小仓有 18 条布袋，经由炉气对三个仓进行循环反吹，电机经由减速机间接驱动。

功能：降低温度，过滤粉尘。

⑤ 氮气储气罐见图 5-10 和图 5-11。

图 5-10 氮气储气罐示意图

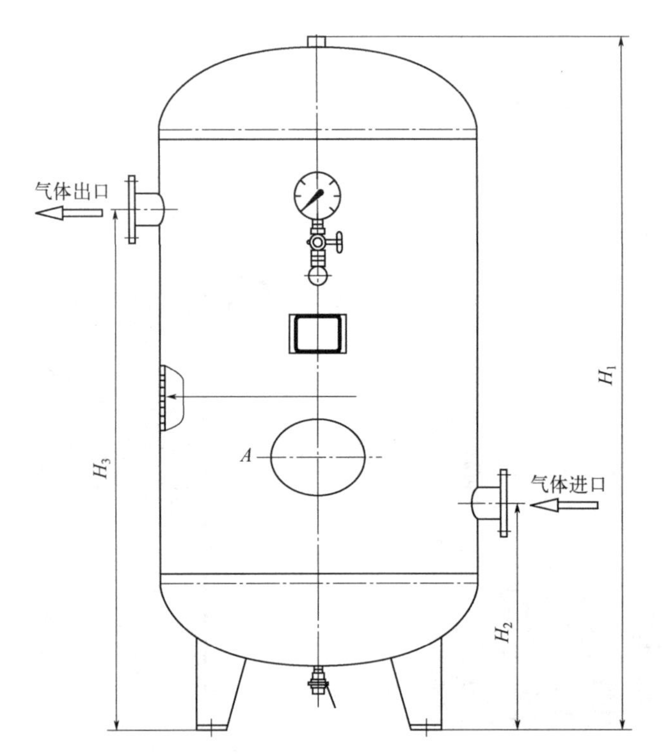

图 5-11 氮气储气罐结构图

原理：空压机在工作时气压是很不稳定的，具有很大的波动性。使用储气罐可以把气压控制在合适的范围内，消除管路中气流的脉动。有了储气罐，空压机输出压缩空气就有了缓冲的地方，使气源能较好地保持在一个设定值，用气系统能得到恒定的压力。

功能：稳定气压。

⑥ 粗气、净气风机见图 5-12 和图 5-13。

图 5-12 粗气、净气风机示意图

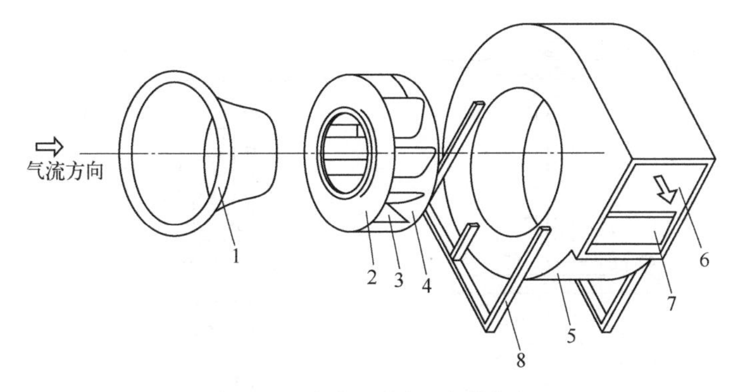

图 5-13　粗气、净气风机结构图

1—吸气口；2—叶轮前盘；3—叶片；4—叶轮后盘；5—机壳；
6—排气口；7—截流板（风舌）；8—支架

原理：动能转换为势能，利用高速旋转的叶轮将气体加速、减速、改变流向，使动能换成势能。

功能：用于输送空气、煤气及无腐蚀其他气体。

5.1.3.2　阀门类

① 截止阀见图 2-25 和图 2-26。

② 闸阀见图 5-14 和图 5-15。

图 5-14　闸阀示意图

原理：由阀杆带动，沿阀座（密封面）做直线升降运动的阀门。

功能：闸阀不可用来调节流量，只能作为截断装置使用，要么完全开启，要么完全关闭。

③ 球阀见图 5-16 和图 5-17。

原理：有圆形通道的球体，绕垂直于通道的轴线旋转，球体随阀杆转动从而达到启闭通道的目的。

功能：当球阀旋转 90° 时，在进、出口处应全部呈现球面，从而关闭阀门，截断介质的流动，当球阀回转 90° 时，在进、出口处应全部呈现球口，从而开启流动，并且基本没有流动阻力。

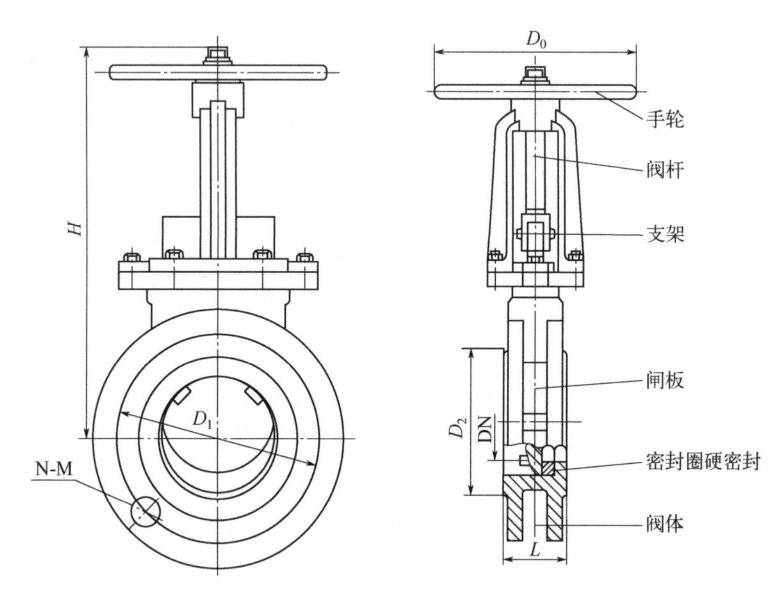

图 5-15　闸阀结构图

图 5-16　球阀示意图

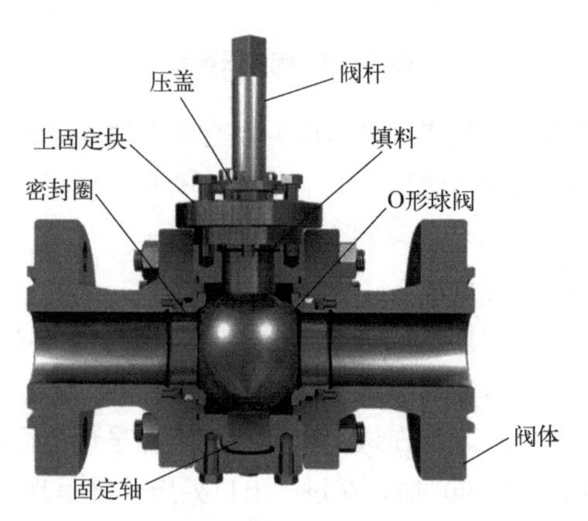

图 5-17　球阀结构图

④ 手动蝶阀见图 5-18 和图 5-19。

图 5-18　手动蝶阀示意图

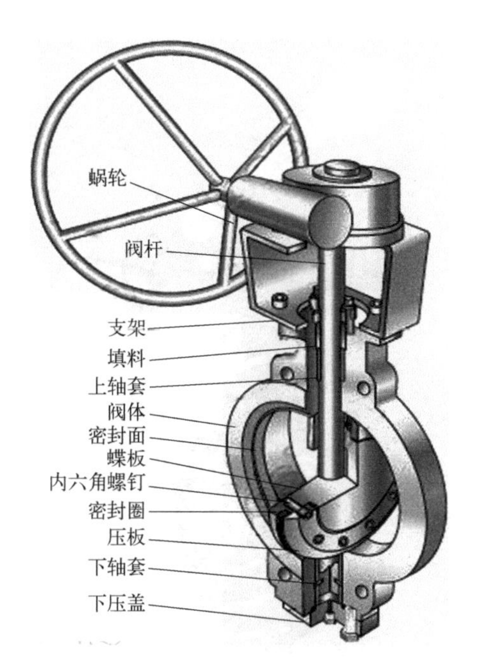

图 5-19　手动蝶阀结构图

原理：用圆形蝶板作启闭件并随阀杆转动来开启、关闭和调节流体通道的阀门。

功能：在蝶阀体内，蝶板绕着轴线旋转，旋转角度在 0°～90°之间，旋转 90°时，阀门则全开。

⑤ 气动蝶阀见图 2-23 和图 2-24。

⑥ 电动蝶阀见图 5-20 和图 5-21。

原理：通过开、关正反导向来完成开关动作。以电源作为动力，接收工业自动化控制系统预设的参数值 420mA 信号来完成调节动作。

功能：调节流量介质，可以实现良好的密封。

⑦ 脉冲阀见图 1-14 和图 1-15。

5.1.3.3　电器仪表类

① 热电偶见图 1-28 和图 1-29。

② 压力表见图 1-30 和图 1-31。

③ 流量计见图 1-32 和图 1-33。

5.1.3.4　安全设施类

① 手动盲板阀见图 5-22 和图 5-23。

图 5-20　电动蝶阀示意图

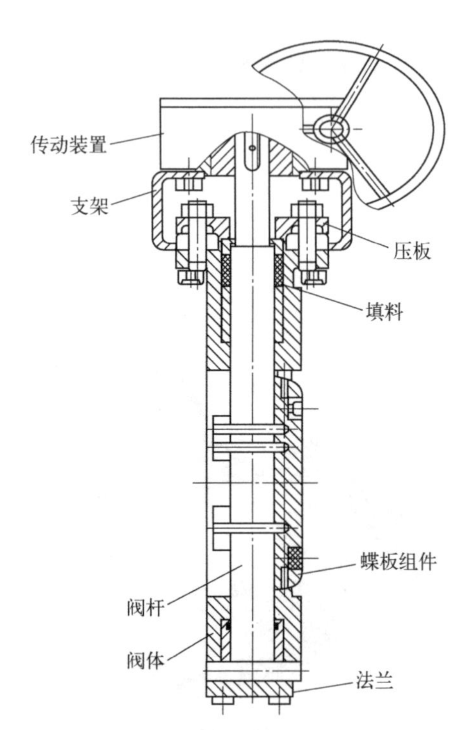

图 5-21　电动蝶阀结构图

图 5-22　手动盲板阀示意图

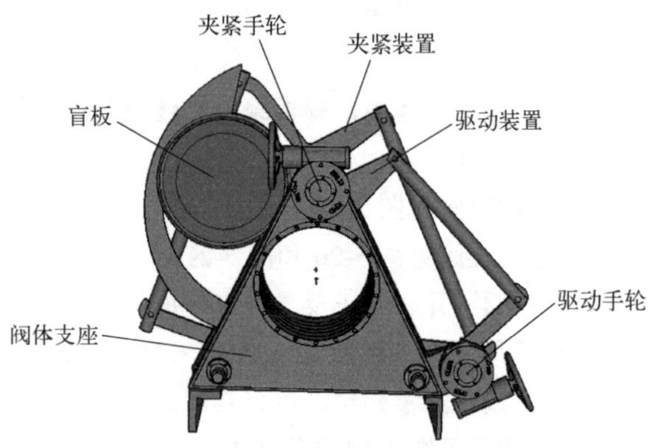

图 5-23　手动盲板阀结构图

原理：共有两个驱动设备，一个手动夹紧及松开设备，一个驱动闸板开关，在开或关闸板中，先松开手动设备，然后手动关闭或打开闸板，达到闸板开或关，闸板开或关完成后，再将手动设备夹紧。

功能：适用于工矿企业、环境保护等行业的煤气、有毒气体介质管道中，作为牢靠的堵截设备。

② 减压阀见图 1-18 和图 1-19。

③ 安全阀见图 1-16 和图 1-17。

④ 放空阀见图 5-24 和图 5-25。

图 5-24　放空阀示意图

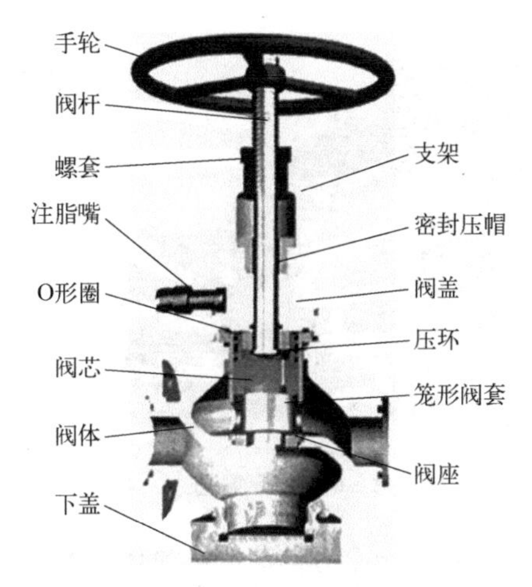

图 5-25　放空阀结构图

原理：机器关闭之后进气阀碟片关闭，放空阀的气路打开然后排除掉有压力的气体或者液体。

功能：将有压力的气体或者液体，在非工作的时候或者紧急状态通过它排放掉，避免发生其他意外。

⑤ 爆破片见图 5-26 和图 5-27。

图 5-26　爆破片示意图

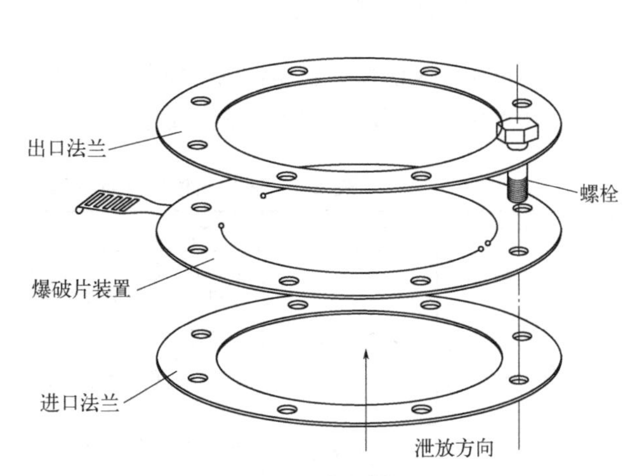

图 5-27　爆破片结构图

原理：一次性的泄压装置，在设定的爆破压力（温度）下，爆破片两侧压力差达到预定值时，爆破片即可动作（破裂或脱落），并泄放出流体。

功能：在规定的温度和压力下爆破，泄放压力。

⑥ 单向阀见图 5-28 和图 5-29。

图 5-28　单向阀示意图

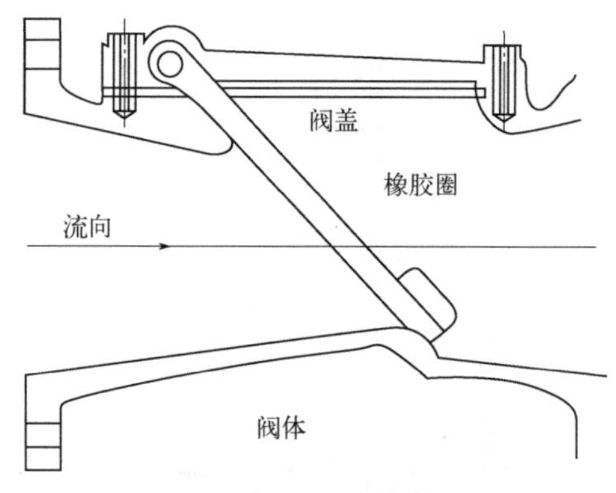

图 5-29　单向阀结构图

原理：在一个方向流动的流体压力作用下，阀瓣打开；流体反方向流动时，由流体压力和阀瓣的自重合阀瓣作用于阀座，从而切断流动。

功能：避免压缩空气出现逆向流动的现象。

⑦ 灭火器见图 1-22 和图 1-23。

⑧ 正压式空气呼吸器见图 1-24 和图 1-25。

⑨ 医用氧气瓶见图 1-26 和图 1-27。

5.1.4　懂法规标准

5.1.4.1　净化岗位所涉及法律

净化岗位所涉及法律见表 5-1。《中华人民共和国安全生产法》简称《安全生产法》，《中华人民共和国职业病防治法》简称《职业病防治法》。

表 5-1　净化岗位所涉及法律一览表

序号	类别	法规标准	适用条款内容
1	人员资质	《安全生产法》	第二十八条　生产经营单位应当对从业人员进行安全生产教育和培训，保证从业人员具备必要的安全生产知识，熟悉有关的安全生产规章制度和安全操作规程，掌握本岗位的安全操作技能，了解事故应急处理措施，知悉自身在安全生产方面的权利和义务。未经安全生产教育和培训合格的从业人员，不得上岗作业
2		《安全生产法》	第三十条　生产经营单位的特种作业人员必须按照国家有关规定经专门的安全作业培训，取得相应资格，方可上岗作业

续表

序号	类别	法规标准	适用条款内容
3		《安全生产法》	第五十八条　从业人员应当接受安全生产教育和培训，掌握本职工作所需的安全生产知识，提高安全生产技能，增强事故预防和应急处理能力
4	应急管理	《安全生产法》	第五十四条　从业人员有权对本单位安全生产工作中存在的问题 提出批评、检举、控告；有权拒绝违章指挥和强令冒险作业
5		《安全生产法》	第五十五条　从业人员发现直接危及人身安全的紧急情况时，有权停止作业或者在采取可能的应急措施后撤离作业场所
6		《安全生产法》	第五十九条　从业人员发现事故隐患或者其他不安全因素，应当立即向现场安全生产管理人员或者本单位负责人报告；接到报告的人员应当及时予以处理
7	职业健康	《安全生产法》	第五十三条　生产经营单位的从业人员有权了解其作业场所和工作岗位存在的危险因素、防范措施及事故应急措施，有权对本单位的安全生产工作提出建议
8		《安全生产法》	第五十七条　从业人员在作业过程中，应当严格落实岗位安全责任，遵守本单位的安全生产规章制度和操作规程，服从管理，正确佩戴和使用劳动防护用品
9		《职业病防治法》	第二十二条　用人单位必须采用有效的职业病防护设施，并为劳动者提供个人使用的职业病防护用品

5.1.4.2　净化岗位所涉及法规标准

净化岗位所涉及法规标准见表5-2。

表5-2　净化岗位所涉及法规标准一览表

序号	类别	法规标准	适用条款内容
1	职业健康	《用人单位劳动防护用品管理规范》	第九条　用人单位使用的劳务派遣工、接纳的实习学生应当纳入本单位人员统一管理，并配备相应的劳动防护用品。对处于作业地点的其他外来人员，必须按照与进行作业的劳动者相同的标准，正确佩戴使用劳护用品
2		《用人单位劳动防护用品管理规范》	第十二条　同一工作地点存在不同种类的危险、有害因素的，应当为劳动者同时提供防御各类危害的劳动防护用品。需要同时配备的劳动防护用品，还应考虑其可兼容性
3		《用人单位劳动防护用品管理规范》	第十四条　用人单位应当在可能发生急性职业损伤的有毒、有害工作场所配备应急劳动防护用品，放置于现场临近位置并有醒目标识。用人单位应当为巡检等流动性作业的劳动者配备随身携带的应急防护用品
4	培训教育	《新疆维吾尔自治区安全生产条例》	第十四条　生产经营单位应当按照国家有关规定，对从业人员进行安全生产教育和培训，建立从业人员安全培训档案，如实记录培训时间、内容以及考核情况
5		《安全生产培训管理办法》	第十条　生产经营单位应当建立安全培训管理制度，保障从业人员安全培训所需经费，对从业人员进行与其所从事岗位相应的安全教育培训；从业人员调整工作岗位或者采用新工艺、新技术、新设备、新材料的，应当对其进行专门的安全教育和培训。未经安全教育和培训合格的从业人员，不得上岗作业

续表

序号	类别	法规标准	适用条款内容
6		《安全生产培训管理办法》	第十八条　安全监管监察人员、从事安全生产工作的相关人员、依照有关法律法规应当接受安全生产知识和管理能力考核的生产经营单位主要负责人和安全生产管理人员、特种作业人员的安全培训的考核，应当坚持教考分离、统一标准、统一题库、分级负责的原则，分步推行有远程视频监控的计算机考试
7		《生产经营单位安全培训规定》	第十三条　生产经营单位新上岗的从业人员，岗前培训时间不得少于24学时
8		《生产经营单位安全培训规定》	第十七条　从业人员在本生产经营单位内调整工作岗位或离岗一年以上重新上岗时，应当重新接受车间（工段、区、队）和班组级的安全培训。生产经营单位采用新工艺、新技术、新材料或者使用新设备时，应当对有关从业人员重新进行有针对性的安全培训
9	变更管理	《化工企业工艺安全管理实施导则》	4.4.2 培训管理程序应包含培训反馈评估方法和再培训规定。对培训内容、培训方式、培训人员、教师的表现以及培训效果进行评估，并作为改进和优化培训方案的依据；再培训至少每三年举办一次，根据需要可适当增加频次。当工艺技术、工艺设备发生变更时，需要按照变更管理程序的要求，就变更的内容和要求告知或培训操作人员及其他相关人员
10	安全生产	《电石生产安全技术规程》	在炉气净化系统开车前，应进行气体置换，含氧量小于1%
11		《电石生产安全技术规程》	系统运行过程应密切监测炉气中各气体含量变化，保证氧气含量小于1%，发现氧气含量突然增加并超过规定上限值时，应切断炉气进入净化的总阀，打开电石炉直排烟囱并停炉检查
12		《电石生产安全技术规程》	运行过程中应保证保护氮气的充足供应，氮气使用压力应大于0.5MPa、含氧量应小于0.5%，氮气压力低于0.3MPa时，应切断炉气进入净化系统总阀
13		《电石生产安全技术规程》	一氧化碳输送管线及其贮存的设备，应保持严密，在发生中毒的岗位，应有明显的小心中毒标志
14	应急管理	《生产安全事故应急预案管理办法》	第十五条　对于危险性较大的场所、装置或者设施，生产经营单位应当编制现场处置方案。现场处置方案应当规定应急工作职责、应急处置措施和注意事项等内容。事故风险单一、危险性小的生产经营单位，可以只编制现场处置方案
15		《生产安全事故应急预案管理办法》	第三十一条　生产经营单位应当组织开展本单位的应急预案、应急知识、自救互救和避险逃生技能的培训活动，使有关人员了解应急预案内容，熟悉应急职责、应急处置程序和措施
16		《化工企业急性中毒抢救应急措施规定》	第六条　有毒车间应成立抢救组，100人以上的车间至少有4名兼职救护员；有剧毒车间的企业应配备专职医务人员，昼夜值班，以便发生急性中毒时进行紧急抢救。车间抢救组由车间主任担任组长，安全员、工艺员、救护员、检修班长等参加
17		《化工企业急性中毒抢救应急措施规定》	第九条　有毒车间应备有急救箱，由专人保管，定期检查、补充和更换箱内的药品和器材
18		《化工企业急性中毒抢救应急措施规定》	第十六条　凡新入厂或调换新的作业岗位者，均应进行有关安全规程、防毒急救常识等教育。经考试及格，发给“安全作业证”，才能允许在有毒岗位上作业
19		《化工企业急性中毒抢救应急措施规定》	第二十一条　工人操作、检修和采样分析时，要严格执行各项操作规程．任何人不得更改。工人有权拒绝执行违反安全规定的指示

续表

序号	类别	法规标准	适用条款内容
20	报警设施	《石油化工可燃气体和有毒气体检测报警设计标准》	有毒气体的一级报警设定值应小于或等于 100%OEL，有毒气体的二级报警设定值应小于或等于 200%OEL。当现有探测器的测量范围不能满足测量要求时，有毒气体的一级报警设定值不得超过 5%IDLH，有毒气体的二级报警设定值不得超过 10%IDLH

5.1.5 懂制度要求

净化岗位涉及相关制度见表 5-3。

表 5-3 净化岗位涉及相关制度一览表

序号	类别	规章制度	适用条款内容	使用岗位
1	安全环保	动火作业管理规定	动火指标：一氧化碳（CO）浓度≤0.5%；氧含量（O_2）19.5%～21%。防范措施：安全隔离、关闭送气盲板阀、进行氮气置换、检测分析	净化岗位
2		受限空间作业管理规定	受限指标：甲烷（CH_4）≤25mg/m^3，一氧化碳（CO）≤30mg/m^3，氧（O_2）19.5%～21%，C_2H_2≤0.2%。防范措施：安全隔离、关闭送气盲板阀、进行氮气置换、检测分析、保持通信畅通	净化岗位
3		高处作业管理规定	使用全身式安全带，高挂低用，挂靠在固定点	净化岗位
4		临时用电管理规定	电源线要求无破损、漏电保护器完好、距离地面不小于 2m	净化岗位
5	班组建设	电石三车间班组十项制度汇编	1．岗位专责制；2．全员安全生产责任制；3．交接班制；4．巡回检查制；5．经济核算制；6．质量负责制；7．设备维护保养制；8．岗位练兵制；9．文明生产责任制；10．思想政治工作责任制	净化岗位
6	设备设施	工器具管理规定	工器具使用者应熟悉工器具的使用方法，在使用前应进行常规检查，不准使用外观有缺陷等不合格的工器具、外界环境条件不符合使用工器具的要求、使用者佩戴劳动保护用品不符合规定时不准使用、应按工器具的使用方法规范使用工器具，爱惜工器具，严禁超负荷、错用、野蛮使用工器具	净化岗位
7		设备润滑管理规定	严格按照设备润滑卡加油标准执行，按照先加油后填写设备润滑记录，加油完毕后在“设备润滑记录本”进行准确记录	净化岗位
8		对讲机使用管理规定	对讲机一机一岗专用，班班交接，严禁转借他人，严禁个人携带外出。遵守“谁使用，谁保管；谁损坏，谁负责”的原则，丢失、损坏的，按规定赔偿。严禁使用对讲机进行聊天、说笑，不得用对讲机讲一些与工作无关的事情。严格按照规定频道使用，严禁占用其他频道，或故意扰乱其他频道	净化岗位
9		防雷防静电接地管理规定	检查接地装置连接处是否有松动、脱焊、接触不良的情况。接地装置检查引下线接地连接端所用镀锌螺栓、镀锌垫圈和镀锌弹簧垫圈等部件是否齐全	净化岗位

续表

序号	类别	规章制度	适用条款内容	使用岗位
10		离心式风机维护检修规程	每班检查润滑油油位、油温及冷却水管线是否畅通，水量是否满足需要。检查电机温升和电流是否超过允许值，风量、风压是否满足生产需要，各密封点有无泄漏，连接螺栓有无松动。每小时检查一次风机运转状况，有无异常振动和杂音	净化岗位
11		正压除尘器维护检修规程	每日对灰仓仓壁情况进行检查，定期对磨损的布袋进行更换，做好设备润滑	净化岗位
12	报警设施	净化区域（系统）安全管控方案	1．有毒气体的一级报警设定值应小于或等于100%OEL，将一级报警（低报）报警值设定为16ppm 2．有毒气体的二级报警设定值应小于或等于200%OEL，将二级报警（高报）报警值设定为32ppm	净化岗位
13	报警设施	规范有毒气体规范报警值设定的通知	有毒气体的职业接触限值（OEL），应按最高允许浓度、时间加权平均允许浓度、短时间接触允许浓度的优先选用	净化岗位
14	报警设施	可燃、有毒有害气体报警器管理规定	1．可燃气体检测报警仪在仪表通电下，严禁拆卸检测器 2．在日常巡回检查时，检查指示、报警系统是否工作正常；经常检查检测器是否意外进水，防止检测元件浸水受潮后影响其工作性能	净化岗位
15	环保管理	环保装置与设施运行管理规定	1．负责环保装置的检查、维护、保养的管理 2．负责环保装置的设备与工艺隐患排查治理工作 3．负责组织员工进行环保设施相关技术培训，提高员工使用环保设施的能力，发挥设施的运行效果 4．负责环保设施档案、台账的建立与维护，环保设施运行情况的统计上报工作	净化岗位
16	环保管理	环保检查管理规定	车间技术员每日巡检一次；班组长每班巡检一次；岗位员工每一小时巡检一次	净化岗位
17	联锁控制	联锁/自控系统管理规定	对联锁/自控系统中存在的问题及时上报管理部门	净化岗位

5.2 五会

5.2.1 会生产操作

5.2.1.1 切送气操作

（1）切气操作

a．通知调度、石灰窑，得到调度允许停气指令后，通知配电工注意调节炉压；

b．打开被切气电石炉净化排空阀同时关闭石灰窑总阀；

c．通知石灰窑、配电工停气成功，并做好记录；

d．停气后立即将排空炉气点燃。

（2）送气操作

a．根据气柜柜位，得到调度送气指令后，提高风机频率；调整排空阀开度，直排开度在45%以下时开启送气蝶阀，此时根据炉压、管道压力情况逐渐关闭净化排空阀；

b．送气成功后，及时反馈调度，并做好相关记录；

c．调节炉压到工艺指标范围内；当炉压持续不下时，及时调整风机频率。

5.2.1.2　投退净化操作规程

（1）退净化操作

a．当净化系统退出运行时，配电工打开荒气烟道蝶阀，净化工关闭水冷烟道蝶阀；

b．打开氮气阀门对系统进行置换；

c．停止净化风机；

d．净化设备远程控制切换至检修状态。

（2）投净化前检查操作

① 原料确认：开车前净化系统管道置换合格，系统内充氮置换，气体在线监测O_2含量≤0.5%。

② 电气确认

a．净化风机3～5Hz运转正常；

b．拉链机、卸灰阀电源接入，待运行。

③ 工艺确认

a．确保水冷烟道蝶阀关闭、送气阀关闭，其余炉气管道阀门全开；

b．二楼集水槽处观察净化风机的循环水冷却回水是否正常（冬季风机冷却循环水断水）；

c．系统氮气压力≥0.4MPa，流量（标准状况）在100～300m^3/h（每两台电石炉）范围内；

d．送气盲板阀、三楼半手动阀（10号至20号电石炉）、净化三楼手动闸阀在开位状态，送气电动蝶阀、净化三楼电动闸阀在关位；

e．系统置换：通知调度，使用氮气对净化系统进行置换。打开氮气总阀和各仓体氮气置换阀，将刮板机机头、机尾和储灰仓的氮气阀门开1/3，置换合格，净气在线监测O_2含量≤0.5%；

f．净化灰气力输送仓泵压力在工艺指标范围内，储灰仓下灰口闸阀打开，投净化。

④ 投净化操作

a．电石炉挡位降至1挡时，打开离烟道最远的炉门；

b．风机频率设定为 5Hz；

c．打开水冷烟道蝶阀，待 O_2 含量≤0.5%后通知巡检工关闭炉门；

d．通知配电工关闭荒气烟道蝶阀，电石炉升负荷；

e．根据炉压设定风机频率，将炉压控制在指标内；

f．待负荷、炉压稳定后，将变频 PID 点开（气动调节阀调整），关闭沉降仓、空冷仓、布袋仓等 6 个仓体氮气阀门；

g．适当调节储灰仓、刮板机机头机尾氮气阀门，保持氮气流量在指标之内，以听到氮气气流声为宜；

h．投入气力输灰系统。

5.2.1.3 气力输送操作

（1）净化系统气力输送操作

a．检查氮气压力≥0.4MPa，各阀门动作是否正常；

b．中控操作人员将下料时间设置为 0s，加入队列自动运行，查看时间是否在 90～120s 内；

c．中控操作人员将下料时间设置 8s 以下，加入队列，自动运行；

d．输灰时间超过 260s 时，通知现场巡检工检查仓泵及管道是否有积灰现象；

e．仓泵及管道积灰时，中控操作人员将下料时间设置为 0s；

f．空载运行，待输灰时间达到正常范围时，投入自动运行；

g．气力输送系统空载运行时，必须及时汇报当班调度；

h．气力输灰停止运行时，必须将仓泵、管道内的除尘灰输送完毕，防止除尘灰板结；

i. 装置气力输送系统加入队列时，必须及时汇报调度，依据调度指令进行操作。

（2）正压除尘气力输送操作

a．检查压缩空气压力≥0.5MPa，各阀门动作是否正常。

b．中控操作人员将下料时间设置为 0s，加入队列后自动运行，查看时间是否在 90～120s 内。

c．中控操作人员依据仓泵类型设置下料时间：AV 泵下料时间设置为 8～15s，PD 泵设置为至 10～30s 以下，加入队列，自动运行。

d．输灰时间超过 500s 时，通知现场巡检工检查仓泵及管道是否有积灰现象。

e．中控操作人员点击“清吹”按钮，进行清吹作业，待输灰时间达到正常范围时，投入自动运行。

f．气力输送系统空载运行时，必须及时汇报当班调度。

g．气力输灰停止运行时，必须将仓泵、管道内的除尘灰输送完毕，防止除尘灰板结。

h. 各装置气力输送系统加入队列时，必须及时汇报调度，依据调度指令进行操作。

5.2.1.4 净化装置自动点火操作

① 当电石炉 CO 浓度达到 50%，直排阀开度显示 30%～50%时，现场人员到达现场确认可以点火，通知净化主控操作人员；

② 由净化主控操作人员点击操作界面“点火”，持续 5s，完成点火；

③ 点火完毕后，通知现场巡检人员，确认是否点火成功。

5.2.2 会异常分析

净化装置异常情况见表 5-4。

表 5-4 净化装置异常情况一览表

异常情况	存在的现象	原因分析	处理措施
卸灰阀不工作	打开卸灰阀开关后，卸灰阀不动作	1. 电机烧坏 2. 异物卡阻 3. 电机及减速机键槽磨损 4. 卸灰阀链条断裂	1. 更换烧毁的电机 2. 打开卸灰阀，将卡塞的异物取出后进行手动盘车，确认无其他异常后将卸灰阀安装到位，螺栓紧固后重新启动 3. 更换减速机或电机，更换键槽 4. 修复更换链条
拉链机故障	拉链机运行，但不能正常输灰	1. 链条拉断 2. 链条跑偏、卡塞 3. 减速机键槽磨损	1. 检查更换链条 2. 调整链条平衡 3. 更换减速机
仓泵压力不降	仓泵压力不降	1. 气力输送管线堵塞 2. 阀门不动作 3. 仪表故障	1. 疏通管道 2. 检查阀门 3. 检查更换数显压力表
粗、净气风机跳停	粗、净气风机运行过程中跳停	1. 过载、电流过大 2. 控制器故障、线路联电 3. 风机频率较高	1. 配电工打开荒气烟道蝶阀泄压，紧急切气 2. 通知调度、石灰窑及气柜 3. 联系电工检查原因，排除故障
防爆膜爆裂	净化装置防爆膜突然爆裂	1. 净化系统内进入氧气 2. 防爆膜老化	1. 净化系统紧急停车，紧急切气；电石炉配电工打开荒气烟道蝶阀 2. 净化人员佩戴正压式空气呼吸器后打开氮气阀门置换，防止二次爆炸 3. 疏散净化装置周边人员，设警戒区域，直至故障排除 4. 更换防爆膜
储灰仓小布袋除尘器不工作	排污管冒灰	1. 净化系统密封不严，进氧后拉链机内出现红灰，造成小布袋烧损或布袋质量问题 2. 小布袋脉冲阀不工作，布袋无法实现反吹功能	1. 利用电石炉处理料面机退出净化系统，对净化系统密封加强处理，日常操作时拉链机、储灰仓的氮气阀门保持一定开度 2. 退出净化系统后更换储灰仓顶部除尘器小布袋，仪表检查脉冲阀不工作的原因 3. 协调更换布袋厂家

续表

异常情况	存在的现象	原因分析	处理措施
振打锤不工作	现场无法动作	1. 气源不足或气阀未开，脉冲无法实现功能 2. 振打器内部机构异常	1. 查找气源不足的原因并协调解决，确认现场阀门打开 2. 检查振打锤结构损坏的原因并进行处理
净化气动阀突然失灵关闭	电石炉炉压大，二楼一氧化碳聚集报警	1. 气源压力不足 2. 气动阀电磁元件损坏 3. 执行机构不工作	1. 净化工紧急切气退净化 2. 通知配电工打开荒气烟道蝶阀 3. 巡检工佩戴好检测仪到现场手动打开气动阀 4. 通知仪表人员进行检查处理，检修完毕后切换至远程手动操作投净化
氧含量超标	净化装置氧含量≥0.5%	1. 净化系统密封差 2. 大负压操作	1. 检查净化装置各人孔密封是否完好 2. 检查净化装置各仓体管线有无破损 3. 调整风机频率及炉压
一氧化碳浓度降低	净化装置一氧化碳浓度≤70%	1. 净化系统密封差 2. 大负压操作	1. 检查净化装置各人孔密封是否完好 2. 检查净化装置各仓体管线有无破损 3. 调整风机频率及炉压

5.2.3 会设备巡检

5.2.3.1 巡检路线

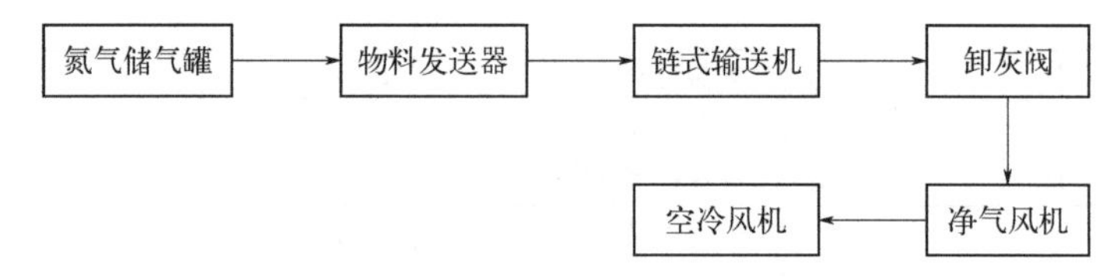

5.2.3.2 设备巡检内容及判定标准

设备巡检内容及判定标准见表 5-5。

表 5-5 设备巡检内容及判定标准一览表

设备名称	巡检内容	判定标准	巡检周期
离心风机	1. 风机有无异常声音、有无漏灰现象 2. 轴承箱油位是否正常 3. 有无漏油现象，振幅是否正常 4. 地脚螺栓是否紧固	1. 风机无异常声音、振动，壳体密封良好，无漏灰、漏气现象 2. 油位在油镜的 1/2～2/3 之间 3. 无漏油现象，振幅≤0.05mm 4. 各紧固点螺栓紧固	4h/次
链板式输送机	1. 减速机有无异常声音 2. 减速机油位是否正常 3. 有无漏油现象 4. 地脚螺栓是否紧固	1. 减速机无异常声音 2. 油位在油镜的 1/2～2/3 之间 3. 无漏油现象 4. 各紧固点螺栓紧固	4h/次
物料发送器	连接点是否漏气，连接螺栓是否松动	各连接点无漏气，连接螺栓紧固	4h/次

续表

设备名称	巡检内容	判定标准	巡检周期
氮气储气罐	1. 容器铭牌、漆色及标志是否完好;设备外观是否完好 2. 设备有无异常声响 3. 设备基础是否完好 4. 安全阀是否在有效期内 5. 压力表是否在有效期内、表盘清晰	1. 铭牌清晰、漆色完整、标志明显 2. 无明显裂纹、腐蚀、变形及损伤 3. 无异常振动、摩擦及响声 4. 支撑牢靠,基座、基础完整,螺栓齐全 5. 根部阀常开并锁死,定期校验 6. 压力表完好、量程合理、定期校验	4h/次
卸灰阀	1. 本体有无异常声音、有无漏灰现象 2. 减速机油位是否正常 3. 有无漏油现象	1. 无异常声音、壳体密封良好,无漏灰漏气 2. 油位在油镜的 1/2～2/3 之间 3. 无漏油现象	8h/次

5.2.4 会风险辨识

5.2.4.1 LEC 辨识方法

LEC 辨识方法详细请参考 1.2.4.1 小节。

5.2.4.2 JSA 辨识方法

JSA 辨识方法详细请参考 1.2.4.2 小节。

工作安全分析表详细见表 5-6。

表 5-6 工作安全分析(JSA)表

<table>
<tr><td>部门</td><td colspan="2">电石三车间</td><td>工作任务简述</td><td colspan="2">更换正压除尘布袋</td></tr>
<tr><td>分析人员</td><td colspan="2">李某</td><td>许可证</td><td>检修作业票、检修安全方案、生产装置检维修交接单、受限空间作业票</td><td rowspan="2">特种作业人员是否有资质证明:□是☑否</td></tr>
<tr><td>相关操作规程</td><td colspan="2">□有　☑无</td><td>有无交叉作业</td><td>□有　☑无</td></tr>
<tr><td colspan="2">工作步骤</td><td colspan="2">危害描述(后果及影响)</td><td>控制措施</td><td>落实人</td></tr>
<tr><td colspan="2">停止除尘风机运行</td><td colspan="2">不停止风机运行会导致除尘器内CO气体持续超标发生人员中毒的风险</td><td>作业前30分钟对除尘风机停止运行,进行通风置换</td><td>李某</td></tr>
<tr><td colspan="2">取样分析合格</td><td colspan="2">取样分析不合格会发生人员一氧化碳气体中毒的风险</td><td>联系质检中心人员进行取样,分析合格,开具受限空间作业票</td><td>李某</td></tr>
<tr><td colspan="2">检查破损布袋</td><td colspan="2">检查过程中未佩戴便携式CO检测仪会发生人员一氧化碳气体中毒的风险</td><td>作业人员佩戴便携式CO检测仪,浓度超标时人员及时撤离至安全区域内</td><td>李某</td></tr>
<tr><td colspan="2">拆除破损布袋</td><td colspan="2">拆除布袋时未将布袋顶部悬挂牢固会造成人员物体打击伤害</td><td>拆除布袋前应将布袋顶部使用卡钳固定牢固</td><td>李某</td></tr>
</table>

续表

安装新布袋	未将布袋顶部悬挂牢固会造成人员物体打击伤害	将布袋顶部使用卡钳固定牢固，除尘器上方作业人员与更换布袋人员做好沟通，不得随意下降布袋高度	李某
清理废旧布袋	清理废旧布袋时从净化二楼抛至一楼会造成人员物体打击伤害	使用牵引绳将布袋进行捆绑，吊至一楼，不得随意抛掷	李某
属地设备员进行验收	布袋顶部未悬挂牢固，造成布袋掉落，达不到除尘效果	检查布袋与除尘器顶部悬挂是否牢固，卡簧必须卡好锁紧	李某
应急措施	1．现场指派专人在除尘器外进行监护，使用对讲机与作业人员做好沟通 2．如遇现场 CO 浓度超标，作业人员应立即撤离现场，不得长时间作业 3．作业人员不得长时间进行作业，每作业 30min，应在除尘器外进行适当休息 4．作业现场必须配备正压式空气呼吸器、医用氧气瓶等急救设施，如遇人员中毒、中暑等情况，现场人员应及时应急处理，并送往医务室		
参与交底人员	焦某、马某、朱某		

5.2.4.3 SCL 安全检查表法

SCL 安全检查表法详细请参考 1.2.4.3 小节。

安全检查见表 5-7。

表 5-7 安全检查表（SCL）

序号	检查部位	检查内容	检查结果（是√或否×）	检查时间	检查人员	负责人	检查情况及整改要求	备注
1	电石炉净化	固定式 CO 检测仪是否完好，与中控室显示数值是否一致	×	××××-××-××	张某	李某	现场与中控室显示数字有延迟，上报计划，联系仪表进行修复	
2	电石炉净化	现场警示牌悬挂顺序是否规范（黄红蓝绿）	√	××××-××-××	张某	李某		
3	电石炉净化	正压除尘器入口处是否悬挂受限空间提示牌	√	××××-××-××	张某	李某		
4	电石炉净化	干粉灭火器压力是否正常（绿色区域 1.0～1.4MPa	×	××××-××-××	张某	李某	9 号炉净化三楼一具干粉灭火器即将失压，上交至车间，拿至消防站进行更换	
5	电石炉净化	卸灰阀、拉链机以及离心风机处是否有 CO 气体泄漏	√	××××-××-××	张某	李某		
6	电石炉净化	送气盲板阀处是否悬挂“禁止人员长时间逗留”警示标识	√	××××-××-××	张某	李某		

续表

序号	检查部位	检查内容	检查结果（是√或否×）	检查时间	检查人员	负责人	检查情况及整改要求	备注
7	电石炉净化	视频监控远传画面是否清晰，有无延迟	×	××××-××-××	张某	李某	11 号炉净化三楼视频监控远传画面模糊，现场监控净化卫生较差，对监控镜头进行定期擦拭维护	
8	电石炉净化	净化各区域内照明是否完好	×	××××-××-××	张某	李某	11 号炉净化二楼西侧照明灯不亮，上报计划，联系电工进行修复	
9	电石炉净化	各离心风机联轴器处是否绘制旋向标识，防护罩是否全覆盖	×	××××-××-××	张某	李某	12 号炉空冷风机联轴器防护罩上方旋向标识模糊，重新进行绘制	

5.2.5 会应急处置

5.2.5.1 系统停车的应急处置

① 防爆膜破裂应急处置见表 5-8。

表 5-8 净化装置防爆膜破裂应急处置卡

突发事件描述	净化装置氧气含量超标或防爆膜存在裂痕或腐蚀，导致防爆膜破裂		
工序名称	净化岗位		
岗位	净化工	危险等级	中等
主要危害因素	1. 一氧化碳气体大量泄漏，造成现场人员一氧化碳中毒 2. 净化系统内大量进氧，导致净化灰自燃，出现红灰 3. 净化系统退出后，仓内形成常压，高温净化灰存在人员烫伤风险		
应急注意事项	1. 作业前必须退出电石炉净化系统、全开氮气阀门进行置换，必须取样分析合格 2. 应急过程中规范穿戴好劳动防护用品，应急操作人员必须由两人佩戴正压式空气呼吸器进行作业 3. 作业区域内除作业人员以外的人员不得逗留。		
劳动防护用品	安全帽、防尘口罩、工作服、便携式 CO 报警仪、正压式空气呼吸器、防火手套		
应急处置措施	1. 配电工打开荒气烟道蝶阀，退净化	2. 紧急疏散净化区域周边人员	

续表

应急处置措施 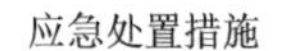	 3．关闭送气盲板阀，打开各仓体氮气阀门置换  4．正确佩戴劳保及正压式空气呼吸器，更换防爆膜
安全警示标识	  

② 粗气、净气风机跳停应急处置见表 5-9。

表 5-9　粗气、净气风机跳停应急处置卡

突发事件描述	粗气、净气风机电流增大或电器线路故障，导致风机跳停		
工序名称	净化岗位		
岗位	净化工	危险等级	中等
主要危害因素	1．粗气、净气风机跳停，导致电石炉炉压瞬间增大，烧损电石炉软连接 2．现场应急人员未佩戴正压式呼吸器及便携式检测仪，可能造成人员中毒		
应急注意事项	1．应急处置前必须对电石炉进行紧急降挡 2．应急人员必须佩戴便携式 CO 检测仪进行处置 3．应急人员必须规范穿戴好劳动防护用品		
劳动防护用品	安全帽、防尘口罩、工作服、便携式 CO 报警仪、正压式空气呼吸器		
应急处置措施	 1．配电工打开荒气烟道蝶阀，退净化	 2．关闭送气盲板阀、水冷烟道闸板阀	

续表

应急处置措施 	 3．佩戴便携式检测仪，打开氮气阀门进行置换	 4．联系电工排查故障原因
安全警示标识	  	

5.2.5.2　人身伤害应急处置

① 人员灼烫应急处置见表 5-10。

表 5-10　人员灼烫应急处置卡

突发事件描述	现场作业人员劳动穿戴不齐全，接触高温物体表面，造成人员灼伤、烫伤		
工序名称	净化岗位		
岗位	净化工	危险等级	中等
主要危害因素	1．作业人员未按要求穿戴劳动防护用品，未与高温设备保持安全距离 2．作业过程中未佩戴全套劳动防护用品，赤手接触高温物体表面 3．在进行检维修作业过程中接触高温净化灰 4．净化装置防爆膜破裂，高温气体及净化灰溢出		
应急注意事项	1．应急人员必须佩戴便携式 CO 检测仪，必要时佩戴正压式空气呼吸器进行救援 2．应急过程中必须扶好扶手，不得使用担架上下楼梯 3．应急人员必须规范穿戴好劳动防护用品 4．若患者烫伤面积较大应第一时间拨打救援电话，送至就近医院就医		
劳动防护用品	安全帽、防尘口罩、工作服、便携式 CO 报警仪		
应急处置措施	1．立即将人员转移至应急喷淋处，打开喷淋对创面清洗 30min 以上	2．创面降温后进行消毒并涂抹烫伤膏，若创面较大应立即送往医院	

续表

安全警示标识	 

② 人员一氧化碳中毒应急处置见表 5-11。

表 5-11　人员一氧化碳中毒应急处置卡

突发事件描述	现场 CO 气体泄漏，造成作业人员一氧化碳中毒		
工序名称	净化岗位		
岗位	净化工	危险等级	中等
主要危害因素	1．现场巡检时，CO 气体超标 2．净化设备发生闪爆，造成 CO 气体泄漏 3．净化系统生产数据超标，未及时进行处理		
应急注意事项	1．应急人员必须佩戴正压式空气呼吸器进行救援 2．应急过程中必须扶好扶手，不得使用担架上下楼梯 3．应急人员必须规范穿戴好劳动防护用品		
劳动防护用品	安全帽、防尘口罩、工作服、便携式 CO 报警仪、正压式空气呼吸器		
应急处置措施	 1．接到通知，立即穿戴好正压式空气呼吸器前往现场  2．使用担架将中毒人员转移至上风口 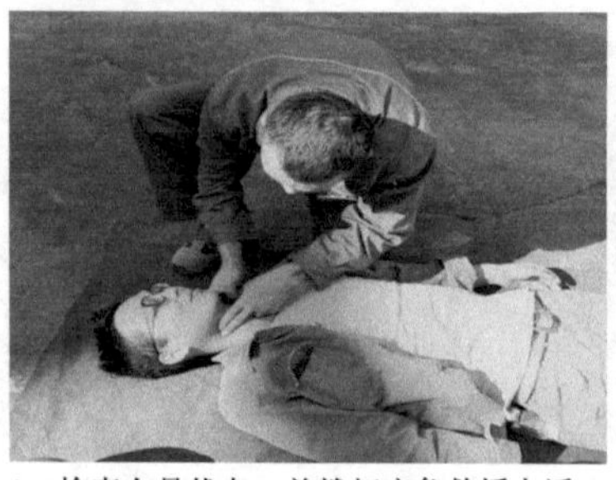 3．检查人员状态，并拨打应急救援电话 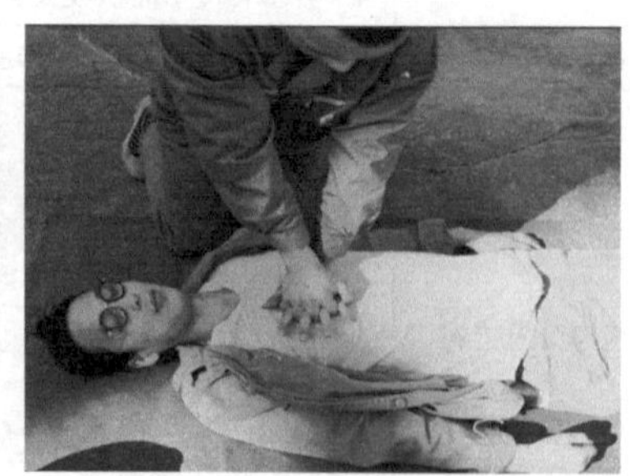 4．使用心肺复苏术、人工呼吸进行急救，及时送医		

续表

安全警示标识	

5.3 五能

5.3.1 能遵守工艺纪律

净化岗位工艺纪律见表 5-12。

表 5-12 净化工序工艺纪律一览表

序号	工艺生产操作控制
1	电石炉正常生产过程中禁止长时间负压操作
2	停车后，必须打开各置换点氮气阀门，对净化装置进行置换合格
3	在电石炉停炉、停电后必须长开氮气阀门，避免氧气进入布袋仓造成仓内布袋燃烧
4	电石炉带净化处理料面时净化系统切气后全开直排，净化工通知配电工，同时根据挡位调整风机频率，确保在未开启炉门的情况下为最大负压

5.3.2 能遵守安全纪律

净化岗位安全纪律见表 5-13。

表 5-13 净化工序安全纪律一览表

序号	安全纪律
1	任何人不得进入一氧化碳、氨气等有毒有害、易燃易爆气体浓度超标场所
2	严禁人员长时间在净、粗气风机旁停留
3	严禁任何人触碰设备传动部位
4	严禁进入黄色警戒区域
5	严禁使用榔头敲击净化灰仓
6	严禁未佩戴检测仪进入净化区域
7	严禁设备未断电进行设备检修
8	严禁人员在净化楼层休息

续表

序号	安全纪律
9	严禁爬上管道或风机上方敲击管道
10	严禁在净化楼层向下抛洒工具及物体
11	严禁人员关闭送气盲板阀时不佩戴呼吸器作业
12	上下楼梯必须扶扶手
13	严禁人员赤手接触高温物体表面

净化工岗位安全纪律示例见图 5-30～图 5-43。

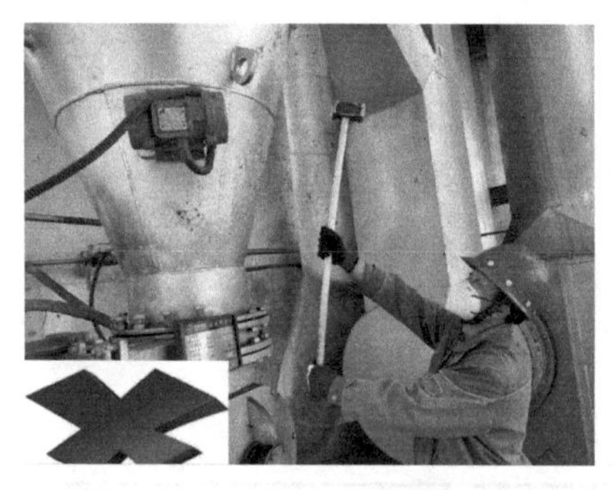

图 5-30　净化工使用榔头敲击仓体

图 5-31　净化工联系启动风镐振打器

图 5-32　净化工触碰传动设备

图 5-33　净化工与传动设备保持安全距离

图 5-34　净化工上下楼梯未扶护栏

图 5-35　净化工上下楼梯扶扶手

图 5-36　在净化楼层向下抛工具

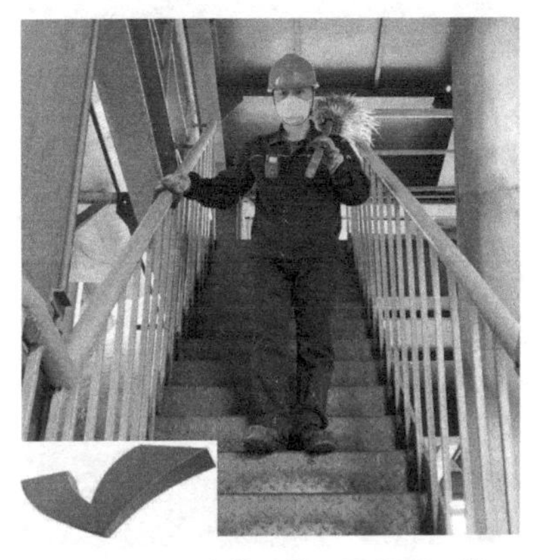

图 5-37　净化工将工具拿至一楼

图 5-38　净化工接触设备运行部位

图 5-39　净化工保持距离观察设备运行情况

图 5-40　净化工未佩戴检测仪进入净化区域

图 5-41　净化工佩戴检测仪进入净化区域

图 5-42　净化工坐在净化楼层休息

图 5-43　净化工前往休息室休息

5.3.3　能遵守劳动纪律

5.3.3.1　能遵守本岗位劳动纪律

净化岗位劳动纪律见表 5-14 和图 5-44 ～图 5-47。

表 5-14　净化岗位劳动纪律一览表

序号	违反劳动纪律
1	违反生产厂区十四个不准内容
2	违反上岗“十不”内容
3	未严格履行监护人职责
4	没有经过部门领导同意或没有办理请假手续私自离岗，请假逾期不归
5	在厂区内喝酒闹事、打架斗殴
6	清理烟道及疏通气力输灰管线作业时未佩戴防护面罩或未将防护面罩放下
7	进入生产区域未佩戴安全帽、劳保鞋或所穿戴劳动防护用品不符合规定
8	未按时巡检，做记录

图 5-44　净化工上班期间玩手机

图 5-45　净化工学习岗位操作

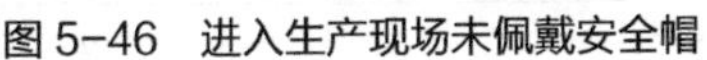

图 5-46　进入生产现场未佩戴安全帽

图 5-47　进入生产现场时佩戴安全帽

5.3.3.2　劳动防护用品配备标准

净化岗位防护用品配备见表 5-15；净化工岗位劳保穿戴见图 5-48。

表 5-15　净化岗位防护用品配备标准一览表

配发劳动防护用品种类	发放周期
秋装	1 年/套
棉衣	3 年/件
玻璃钢安全帽	3 年/顶
3M 防尘口罩	1 年/个
防尘眼镜	1 年/个
N95 防尘口罩	4 只/月
帆布手套	3 双/月
劳保鞋	2 双/年

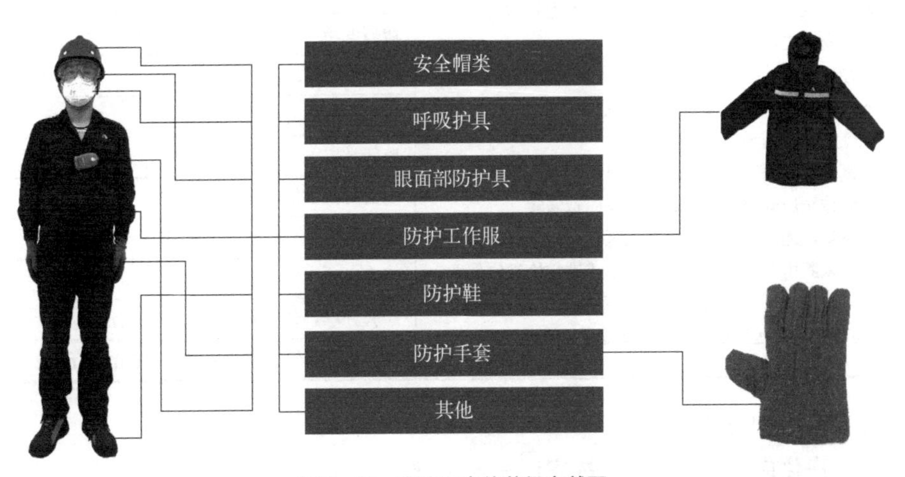

图 5-48　净化工岗位劳保穿戴图

5.3.4 能制止他人违章

净化岗位违章行为见表 5-16。

表 5-16 净化岗位违章行为一览表

违章行为	监督举报	积分奖励
1．动火作业未进行动火分析 2．高处作业未佩戴安全带 3．爬上管道或风机上方敲击管道 4．作业人员私自修改、篡改作业方案及票证 5．跨越转动的钢丝绳 6．现场 CO 浓度超标，人员未撤离 7．未停风机、未取样分析合格进行更换布袋作业 8．未佩戴面罩清理烟道积灰、检查仓泵筛网作业 9．净化系统未退出，未关闭二楼送气盲板阀、三楼水冷烟道闸板阀进行检修作业 10．站在净化楼层向下抛洒工具及物体 11．关闭送气盲板阀时不佩戴呼吸器作业 12．未佩戴便携式 CO 检测仪在净化楼层作业	向现场安全人员举报	+1
	告知现场负责人	+1
	批评教育	+2
	现场纠错	+2
	安全提醒	+1
	行为观察	+2
	组织培训	+2
	提供学习资料	+2
	告知违章后果	+2

5.3.5 能抵制违章指挥

净化岗位违章指挥见表 5-17。

表 5-17 净化岗位违章指挥一览表

违章指挥	抵制要求
1．未取样或取样不合格，强令人员进入受限作业 2．未挂安全带，强令高处作业 3．未办理票证，强令检修作业 4．人员未撤离，强令投运净化系统 5．强令调整工艺参数 6．未佩戴防火面罩，强令清理烟道作业 7．未佩戴正压式空气呼吸器，强令应急施救 8．未佩戴监测仪，强令进入净化区域 9．设备未断电，强令操作人员盘车或进行检维修作业 10．净化投运过程中，强令人员对系统进行动火作业 11．电石炉正常运行过程中，强令退出净化	抵制违章指挥，坚决不违章操作
	撤离现场，不执行违章指挥命令
	现场安全提醒，采取纠错
	告知车间或公司
	监督举报
	向公司检举信箱投递
	帮助他人，一同抵制违章指挥
	现身说法，告知身边人
	经验分享，分享抵制违章指挥的行为
	参与培训，清楚违章指挥和违章作业行为

反“三违”案例如下。

① 净化岗位人员违章指挥案例见表 5-18。

表 5-18　净化岗位违章指挥案例

时间	2月21日	地点	净化区域	部门	某电石车间	类型	违章指挥
事情经过 ××年2月21日，某电石车间杨某、王某对净化装置进行巡检时发现，净化空冷仓与1号沉降仓连接处氮气管线脱焊断裂。发现此情况后杨某立即拨打电话告知净化班组长张某具体情况，张某接到电话后在不清楚现场具体现状、未采取任何安全防护措施、未上报车间夜间值班人员及净化负责人的情况下，便要求净化工杨某及王某两人利用处理料面时间使用密封胶、防爆胶泥、石棉布对管线断裂部位进行包裹							
原因分析 1．净化班组人员安全意识淡薄，在发现现场氮气管线断裂，有一氧化碳气体泄漏的情况下未第一时间撤离现场 2．净化工杨某、王某对现场风险辨识不到位，在进行此项作业时未采取任何防护措施，作业过程中未佩戴正压式空气呼吸器，且无人进行监护 3．净化工杨某在接到班组长张某强令冒险作业的违章指挥通知后，未向班组长反映现场具体情况，也未拒绝违章指挥通知，直接进行作业 4．净化班组班组长张某在接到异常情况汇报时未落实并上报至车间管理人员，违章指挥员工冒险作业							
整改措施 1．各人员在发现设备出现故障或异常后，必须立即停用或撤离现场，并上报班组负责人，夜间时必须立即告知车间值班人员进行协调处理，严禁私自进行作业 2．各班组必须严格执行异常情况上报流程，严禁瞒报或迟报造成其他事故发生 3．各班组加强岗位风险辨识培训，定期组织人员开展现场风险辨识活动，提高班组人员风险辨识能力 4．在净化楼层进行作业时必须在现场佩戴应急救援设备，防止出现异常情况无法第一时间进行救援 5．进行任何检维修作业时必须由专人进行现场监护，落实安全措施 6．各级管理人员必须严格遵守公司及车间的各项劳动纪律，严禁违章指挥员工冒险作业							

② 净化岗位人员违反劳动纪律案例见表 5-19。

表 5-19　净化岗位违反劳动纪律案例

时间	4月11日	地点	净化区域	部门	某电石车间	类型	违反劳动纪律
事情经过 ××年4月11日，某电石车间净化工王某，在电石炉净化区域担任动火监护人期间未履行监护人职责，现场打瞌睡							
原因分析 1．班组管理人员日常监督管理不到位，班组缺少相关安全培训 2．监护人王某安全意识淡薄，维修人员在易燃易爆区域进行动火作业，未能监护到位 3．班组内部管理松散，监护人王某于4月11日凌晨3点入睡，导致第二日精神较差，在监护现场打瞌睡 4．净化班组班组长黎某对检维修现场监督管理不到位，对现场危险性未能起到实时监督作用							

整改措施
1．各班组人员合理安排作息时间，严禁在岗期间打瞌睡
2．同宿舍人员做好相互监督工作，时刻提醒岗位人员调整作息时间，杜绝在岗期间精神涣散
3．各班组管理人员加强对现场危险性作业的监督管理工作，尤其对电石炉三楼半、净化区域内进行的动火作业着重进行管理
4．在净化楼层进行作业时必须在现场佩戴应急救援设施，防止出现异常情况无法第一时间进行救援
5．进行任何检维修作业时必须由专人进行现场监护，落实安全措施，现场监护人严格履行监护人职责，时刻紧盯检修现场，保持头脑清醒，认真落实各项检维修安全措施

③ 净化岗位人员违章操作案例见表5-20。

表5-20　净化岗位违章操作案例

时间	3月24日	地点	正压除尘	部门	某电石车间	类型	违章操作
事情经过 ××年3月24日某电石车间净化工包某，在其他电石车间散点除尘气力输灰装置正常输灰过程中私自投运散点除尘装置，导致中转仓内压力过高，造成中转仓仓顶漏灰，对现场环境卫生带来了极大的影响							
原因分析 1．净化工包某对散点除尘气力输送操作作业指导书内容不清楚 2．净化工包某在进行输灰作业前与其他车间人员缺少沟通，在不清楚其他车间是否进行输灰作业的情况下私自投运输灰装置 3．班组日常管理欠缺，对净化中控岗位人员要求不严格，班组内部培训流于形式，未能使员工将各项操作规程深入脑海							
整改措施 1．各岗位人员严格按照公司、车间下发的各项管理规定及要求进行作业 2．进行气力输送操作前应与其他车间岗位人员进行沟通，确认无误后再进行作业 3．各班组管理人员加强对班组人员内部培训工作，将各项规章制度落实落地							

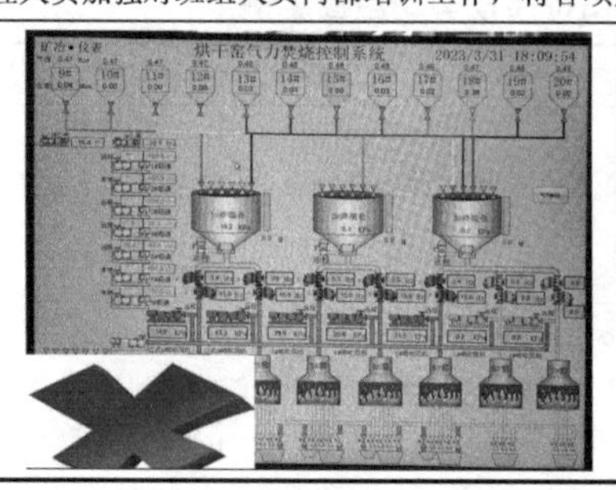

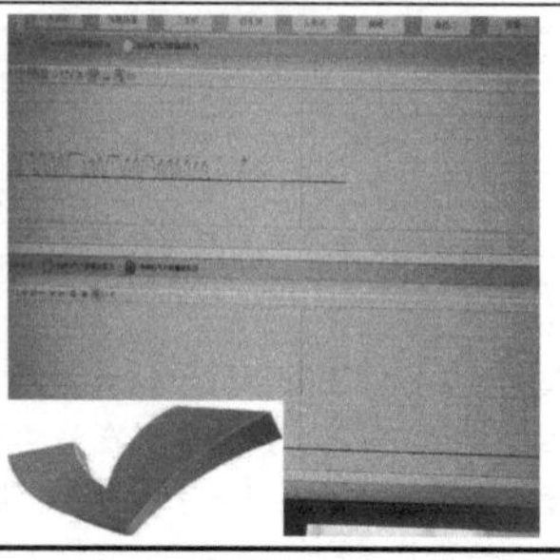

第六章

炉前维修岗位五懂五会五能

岗位描述：炉前维修工主要负责车间内部出炉钢钎焊接校正、出炉设备设施、地轮修复、电石锅修复、备品备件预制、电石炉护屏绝缘板修复、烧穿器铜母线修复等其他车间内部电焊气割作业。

6.1 五懂

6.1.1 懂工艺技术

6.1.1.1 电焊技术

电焊技术是电弧焊技术的简称，是能够利用电能，通过加热加压，然后使两个或者两个以上的焊件融为一体的一项技术。

6.1.1.2 电弧焊技术分类

① 手弧焊技术：一般指手工电弧焊技术。

② 埋弧焊技术：是一种电弧在焊剂层下燃烧进行焊接的方法。其固有的焊接质量稳定、焊接生产率高、无弧光及烟尘很少等优点，使其成为压力容器、管道制造、箱型梁柱等重要钢结构制作中的主要焊接方法。

③ 钨极气体保护电弧焊技术（GTAW 焊）：是一种以非熔化钨电极进行焊接的电弧焊接法。进行 GTAW 焊时，焊接区以遮护气体阻绝大气污染（普遍使用氩等惰性气体），通常搭配使用焊料，但有些自熔焊缝可省略此步骤。

④ 等离子弧焊技术：是指利用等离子弧高能量密度束流作为焊接热源的熔焊方法。等离子弧焊接具有能量集中、生产率高、焊接速度快、应力变形小、电弧稳定且适宜焊接薄板和箱材等特点，特别适合于各种难熔、易氧化及热敏感性强的金属材料（如钨、钼、铜、镍、钛等）的焊接。

⑤ 熔化极气体保护电弧焊技术：是指利用焊丝与工件间产生的电弧作热源将金属熔化的焊接方法。焊接过程中，电弧熔化焊丝和母材形成的熔池及焊接区域在惰性气体或活性气体的保护下，可以有效地阻止周围环境空气的有害作用。

⑥ 管状焊丝电弧焊技术：管状焊丝电弧焊是利用连续送进的焊丝与工件之间燃烧的电弧为热源来进行焊接的，可以认为是熔化极气体保护焊的一种类型。所使用的焊丝是管状焊丝，管内装有各种组分的焊剂。焊接时，外加保护气体，主要是CO_2。焊剂受热分解或熔化，起着造渣保护溶池、渗合金及稳弧等作用。管状焊丝电弧焊除具有上述熔化极气体保护电弧焊的优点外，由于管内焊剂的作用，使之在冶金上更具优势。管状焊丝电弧焊可以应用于大多数黑色金属各种接头的焊接。

⑦ 电阻焊技术：主要是以电阻热为能源的一类焊接方法，包括以熔渣电阻热为能源的电渣焊和以固体电阻热为能源的电阻焊。

6.1.1.3 基本概念

（1）焊接缺陷

a. 咬边：是指由于焊接参数选择不当，或操作方法不正确，沿焊趾的母材部位产生的沟槽或凹陷。咬边将减少母材的有效截面积、在咬边处可能引起应力集中，特别是低合金高强钢的焊接，咬边的边缘组织被淬硬，易引起裂纹。

b. 气孔：是指焊接熔池中的气体来不及溢出而停留在焊缝中形成的孔穴。

c. 夹渣：缝中存在块状或弥散状非金属夹渣物，铸件中内部或表面上存在金属成分不同的质点。

d. 未焊透：指母材金属未熔化，焊缝金属没有进入接头根部的现象。

e. 未熔合：是指焊缝金属与母材金属，或焊缝金属之间未熔化结合在一起的缺陷。

f. 焊接裂纹：在焊接应力及其他致脆因素共同作用下，焊接接头中局部的金属原子结合力遭到破坏而形成的新界面所产生的缝隙。

g. 弧坑：是指在一般焊接收尾处（焊缝终端）形成低于焊缝高度的凹陷坑，这种小坑在专业术语上称为弧坑。

h. 烧穿：是指焊接过程中熔化金属自坡口背面流出，形成穿孔的现象。

i. 焊瘤：是指在金属物在焊接过程中，通过电流造成金属焊点局部高温熔化，液体金属凝固时，在自重作用下金属流淌形成的微小颗粒。

（2）焊接工艺

a. 点焊：是指焊接时利用柱状电极，在两块搭接工件接触面之间形成焊点的焊接方法。

b. 连弧焊：是在焊接过程中电弧连续燃烧、不熄灭，采取较小的坡口钝边间隙、选用较小的焊接电流、始终保持短弧连续施焊的一种单面焊双面成型技术。

c. 仰焊：是指焊接时，焊接位置处于水平下方的焊接。仰焊是四种基本焊接位置中最困难的一种焊接。

d. 立焊：是指沿接头由上而下或由下而上焊接。焊缝倾角 90°（立向上）、270°（立向下）的焊接位置，称为立焊位置。在立焊位置进行的焊接，称为立焊。

e. 平焊：是指焊接处在于水平位置或倾斜角度不大的焊缝，焊条位于工件之上，焊工俯视工件所进行的焊接工艺。这种焊接位置属于焊接全位置中，是最容易焊接的一个位置。

f. 横焊：是待焊表面处于近似竖直，焊缝轴线基本水平的位置进行的焊缝。应采用短弧焊接，并选用较小焊接电流，以及适当的运条方法。

g. 坡口：是指焊件的待焊部位加工并装配成的一定几何形状的沟槽。坡口是主要为了焊接工件，保证焊接度，普通情况下用机加工方法加工出的型面，要求不高时也可以气割。

6.1.2 懂危险特性

6.1.2.1 过程危险特性

① 使用电焊机作业过程中，焊把漏电、手套潮湿造成触电。

② 动火作业时接触高温物体表面，焊渣火星迸溅造成烫伤。

③ 电焊作业防护措施不到位造成电弧灼伤。

④ 动火作业气瓶安全距离不足引燃气瓶。

6.1.2.2 物质的危险特性

① 一氧化碳：有毒有害（职业危害接触限值：15～30mg/m^3，1 小时内死亡）；易燃易爆（爆炸极限：12.5%～74.2%）。

② 乙炔：易燃易爆（爆炸极限：2.1%～80%）。

③ 氮气：惰性气体，吸入可导致窒息。

④ 氧气：无色无臭助燃气体，是易燃物、可燃物燃烧爆炸的基本要素之一，能氧化大多数活性物质。

6.1.2.3 设备的危险特性

① 机械危险：由于机械设备及其附属设施的构件、零件、工具、工件或飞溅的固体和流体物质等的机械能（动能和势能）作用，可能产生伤害的各种物理因素以

及与机械设备有关的滑绊、倾倒和跌落危险。

② 电气危险：电气危险的主要形式是电击、燃烧和爆炸。其产生条件可以是人体与带电体的直接接触，人体接近带高压电体，带电体绝缘不充分而产生漏电、静电现象，短路或过载引起的熔化粒子喷射热辐射和化学效应。

③ 温度危险：一般将29℃以上的温度称为高温，−18℃以下的温度称为低温。高温对人体的影响有高温烧伤、烫伤、高温生理反应。低温对人体的影响有低温冻伤和低温生理反应。此外，高温会引起的燃烧或爆炸。

④ 噪声危险：噪声产生的原因主要有机械噪声、电磁噪声和空气动力噪声。

a. 对听觉的影响。根据噪声的强弱和作用时间不同，可造成耳鸣、听力下降、永久性听力损失，甚至暴露性耳聋等。

b. 对生理、心理的影响。通常 90dB（A）以上的噪声对神经系统、心血管系统等都有明显的影响；低噪声，会使人产生厌烦、精神压抑等不良心理反应。

c. 干扰语言通信和听觉信号而引发其他危险。

⑤ 振动危险

振动对人体可造成生理和心理的影响，造成损伤和病变。最严重的振动（或长时间不太严重的振动）可能产生严重生理失调（血脉失调；神经失调；骨关节失调；腰痛和坐骨神经痛）等。

⑥ 使用电钻违章操作人员受到机械伤害。

⑦ 使用切割机作业过程中的机械伤害。

⑧ 卷扬机钢丝绳断裂人员受到物体打击伤害。

⑨ 修复轨道小车运行过程中压伤。

⑩ 使用弯管器校钳子受到机械伤害。

6.1.2.4 环境的危险特性

高温、粉尘、电焊烟尘、电焊弧光。

6.1.3 懂设备原理

① 电焊机结构见图6-1和图6-2。

原理：利用正负两极在瞬间短路时产生的高温电弧熔化电焊条上的焊料和被焊材料，来达到使它们结合的目的。

功能：用于材料焊接。

② 台式钻床见图6-3和图6-4。

图6-1 电焊机示意图

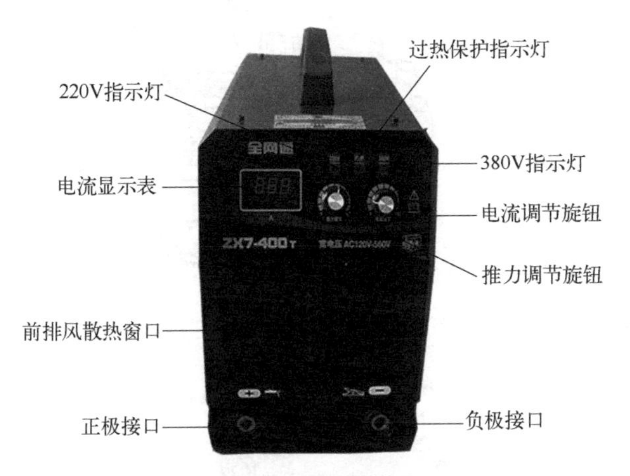

图 6-2 电焊机结构图

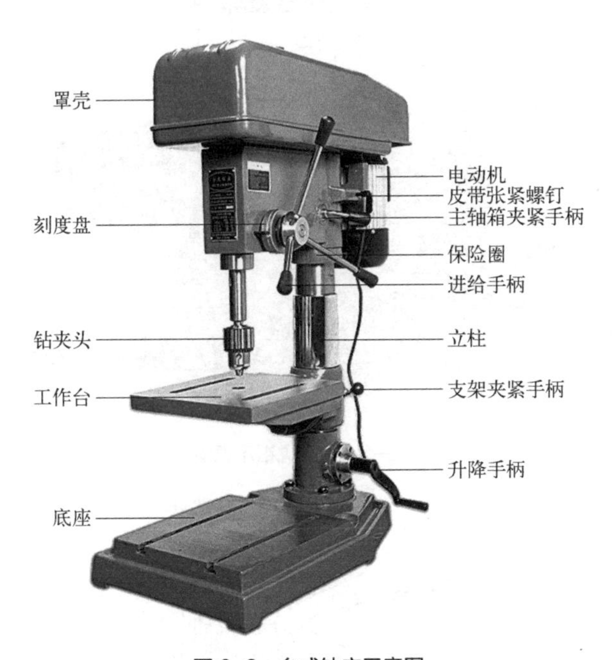

图 6-3 台式钻床示意图

原理：电机作动力，通过皮带传动带动变速箱，变速箱由齿轮经过多级变速后将动力传给主轴作为旋转动力，主轴装在套筒内，套筒上有齿条，通过齿轮变速箱的齿轮变速，实现工作时的进给动力。

功能：钻孔。

③ 台式虎钳结构见图 6-5 和图 6-6。

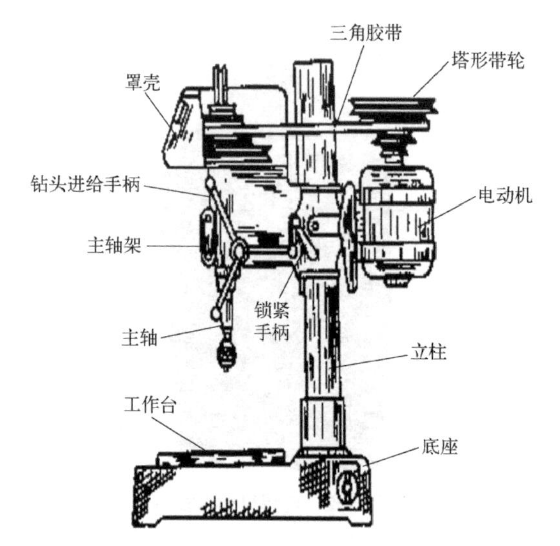

图 6-4　台式钻床结构图

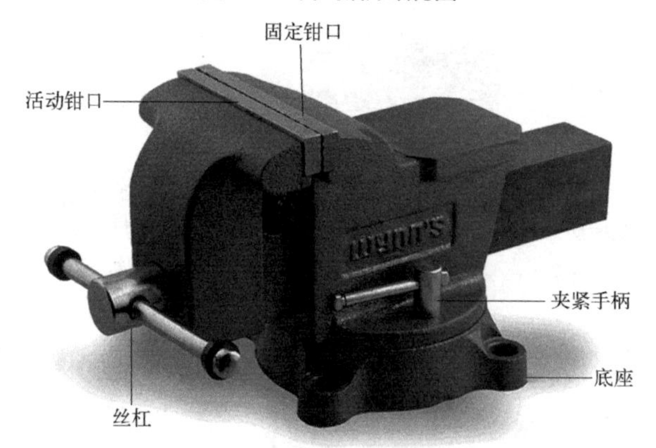

图 6-5　台式虎钳示意图

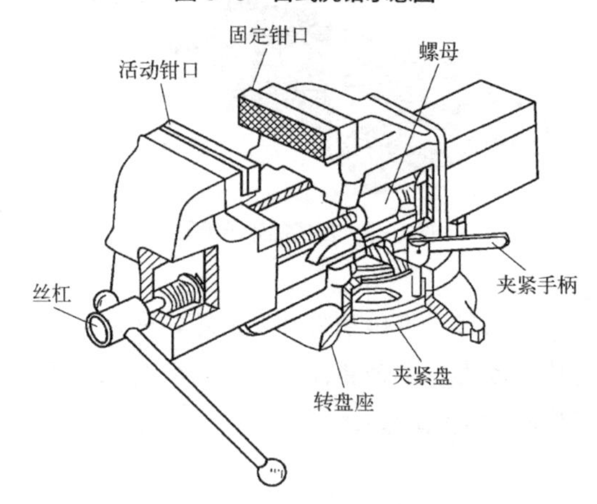

图 6-6　台式虎钳结构图

原理：活动钳身通过导轨与固定钳身的导轨作滑动配合。丝杠装在活动钳身上，可以旋转，但不能轴向移动，并与安装在固定钳身内的丝杠螺母配合。摇动手柄使丝杠旋转，就可以带动活动钳身相对于固定件做轴向移动，起夹紧或放松的作用。

功能：固定物件。

④ 切割机见图 6-7 和图 6-8。

图 6-7　切割机示意图

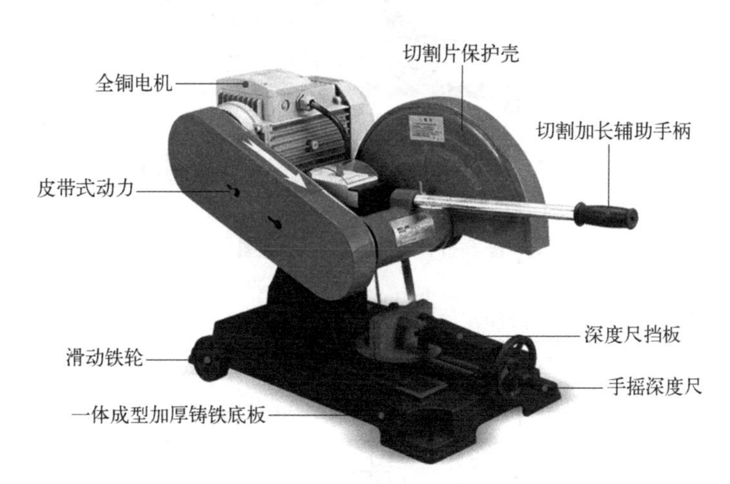

图 6-8　切割机结构图

原理：用高速旋转的砂轮片切割钢材。

功能：切割。

⑤ 落地砂轮机见图 6-9 和图 6-10。

图 6-9　落地砂轮机示意图

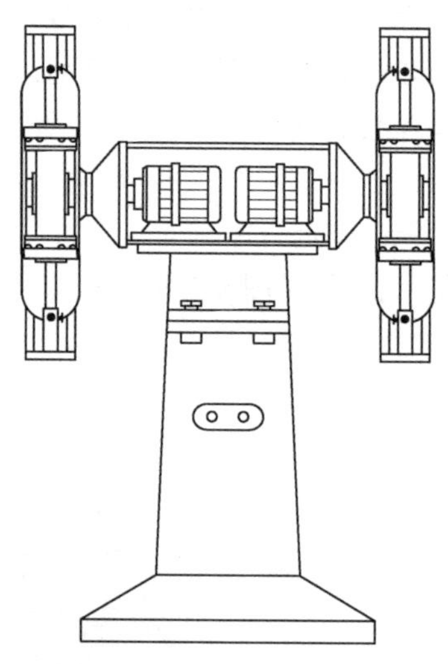
图 6-10　落地砂轮机结构图

原理：电机运转后带动砂轮转动（通常高速）来进行磨削等工作。

功能：磨削。

⑥ 液压弯管器见图 6-11 和图 6-12。

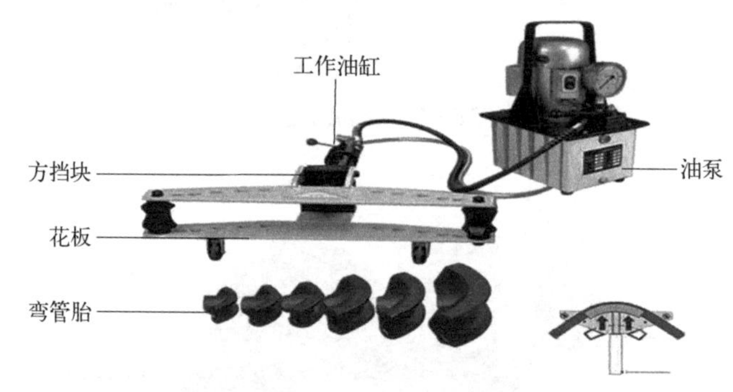

图 6-11　液压弯管器示意图

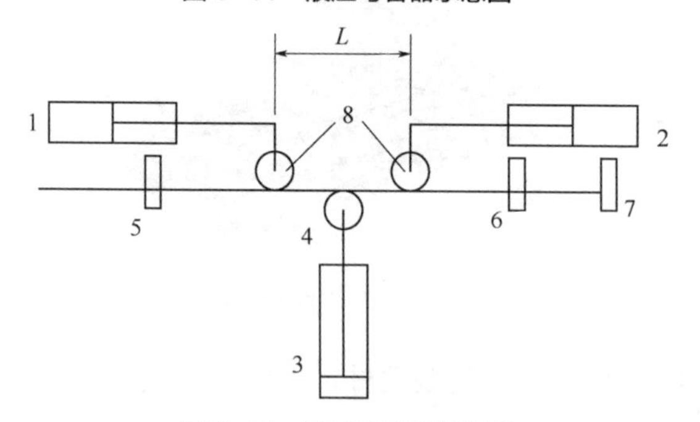

图 6-12　液压弯管器结构图

1,2—夹紧缸；3—弯曲成型缸；4—胎模；5,6—托架；7—限位块；8—辅助成型轮

原理：电动油泵输出的高压油，经高压油管送入工作油缸内，高压油推动工作油缸内柱塞，产生推力，通过弯管。

功能：弯曲、校正。

⑦ 手电钻见图 6-13 和图 6-14。

图 6-13 手电钻示意图

图 6-14 手电钻结构图

原理：是以交流电源或直流电池为动力的钻孔工具。

功能：钻孔。

⑧ 角磨机见图 6-15 和图 6-16。

原理：角磨机是一种利用玻璃钢切削和打磨的手提式电动工具，主要用于切割、研磨及刷磨金属与石材等。

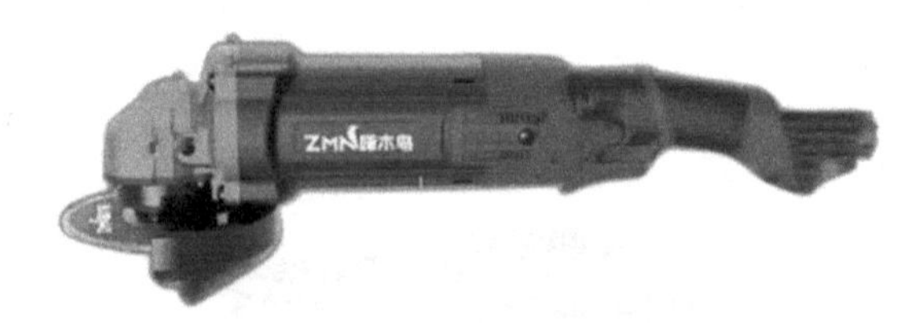

图 6-15　角磨机示意图

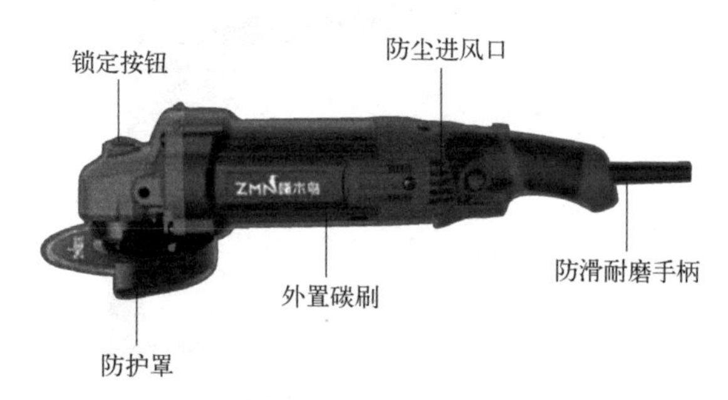

图 6-16　角磨机结构图

功能：磨削、打磨。

⑨ 电锯机见图 6-17 和图 6-18。

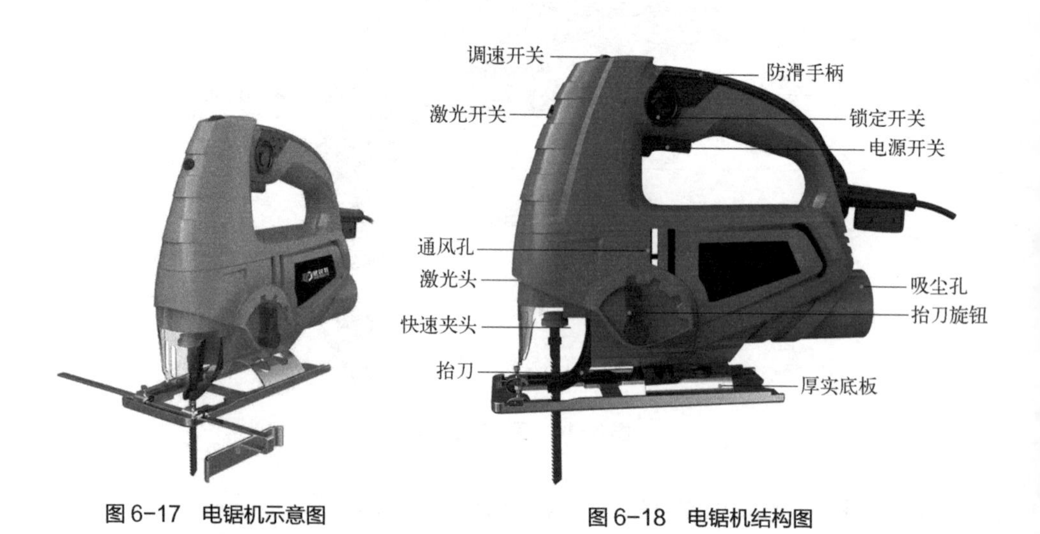

图 6-17　电锯机示意图

图 6-18　电锯机结构图

原理：将曲柄的转动转化为往复杆在直线上的往复运动。

功能：切割。

6.1.4 懂法规标准

6.1.4.1 炉前维修岗位涉及的法规标准

炉前维修岗位所涉及法律见表6-1。《中华人民共和国安全生产法》简称《安全生产法》，《中华人民共和国职业病防治法》简称《职业病防治法》。

表6-1 炉前维修岗位所涉及法律一览表

序号	类别	法规标准	适用条款内容
1	人员资质	《安全生产法》	第二十八条　生产经营单位应当对从业人员进行安全生产教育和培训，保证从业人员具备必要的安全生产知识，熟悉有关的安全生产规章制度和安全操作规程，掌握本岗位的安全操作技能，了解事故应急处理措施，知悉自身在安全生产方面的权利和义务。未经安全生产教育和培训合格的从业人员，不得上岗作业
2		《安全生产法》	第三十条　生产经营单位的特种作业人员必须按照国家有关规定经专门的安全作业培训，取得相应资格，方可上岗作业
3		《安全生产法》	第五十八条　从业人员应当接受安全生产教育和培训，掌握本职工作所需的安全生产知识，提高安全生产技能，增强事故预防和应急处理能力
4	应急管理	《安全生产法》	第五十四条　从业人员有权对本单位安全生产工作中存在的问题提出批评、检举、控告；有权拒绝违章指挥和强令冒险作业
5		《安全生产法》	第五十五条　从业人员发现直接危及人身安全的紧急情况时，有权停止作业或者在采取可能的应急措施后撤离作业场所
6		《安全生产法》	第五十九条　从业人员发现事故隐患或者其他不安全因素，应当立即向现场安全生产管理人员或者本单位负责人报告；接到报告的人员应当及时予以处理
7	职业健康	《安全生产法》	第五十三条　生产经营单位的从业人员有权了解其作业场所和工作岗位存在的危险因素、防范措施及事故应急措施，有权对本单位的安全生产工作提出建议
8		《安全生产法》	第五十七条　从业人员在作业过程中，应当严格落实岗位安全责任，遵守本单位的安全生产规章制度和操作规程，服从管理，正确佩戴和使用劳动防护用品
9		《职业病防治法》	第二十二条　用人单位必须采用有效的职业病防护设施，并为劳动者提供个人使用的职业病防护用品

6.1.4.2 炉前维修岗位所涉及法规标准

炉前维修岗位所涉及法规标准见表6-2。

表6-2 炉前维修岗位所涉及法规标准一览表

序号	类别	法规标准	适用条款内容
1	职业健康	《用人单位劳动防护用品管理规范》	第九条　用人单位使用的劳务派遣工、接纳的实习学生应当纳入本单位人员统一管理，并配备相应的劳动防护用品。对处于作业地点的其他外来人员，必须按照与进行作业的劳动者相同的标准，正确佩戴和使用劳动防护用品

续表

序号	类别	法规标准	适用条款内容
2		《用人单位劳动防护用品管理规范》	第十二条　同一工作地点存在不同种类的危险、有害因素的，应当为劳动者同时提供防御各类危害的劳动防护用品。需要同时配备的劳动防护用品，还应考虑其可兼容性
3		《用人单位劳动防护用品管理规范》	第十四条　用人单位应当在可能发生急性职业损伤的有毒、有害工作场所配备应急劳动防护用品，放置于现场临近位置并有醒目标识。用人单位应当为巡检等流动性作业的劳动者配备随身携带的个人应急防护用品
4	培训教育	《新疆维吾尔自治区安全生产条例》	第十四条　生产经营单位应当按照国家有关规定，对从业人员进行安全生产教育和培训，并建立从业人员安全培训档案，如实记录培训时间、内容以及考核情况
5		《安全生产培训管理办法》	第十条　生产经营单位应当建立安全培训管理制度，保障从业人员安全培训所需经费，对从业人员进行与其所从事岗位相应的安全教育培训；从业人员调整工作岗位或者采用新工艺、新技术、新设备、新材料的，应当对其进行专门的安全教育和培训。未经安全教育和培训合格的从业人员，不得上岗作业
6		《安全生产培训管理办法》	第十八条　安全监管监察人员、从事安全生产工作的相关人员、依照有关法律法规应当接受安全生产知识和管理能力考核的生产经营单位主要负责人和安全生产管理人员、特种作业人员的安全培训的考核，应当坚持教考分离、统一标准、统一题库、分级负责的原则，分步推行有远程视频监控的计算机考试
7		《生产经营单位安全培训规定》	第十三条　生产经营单位新上岗的从业人员，岗前培训时间不得少于 24 学时
8		《生产经营单位安全培训规定》	第十七条　从业人员在本生产经营单位内调整工作岗位或离岗一年以上重新上岗时，应当重新接受车间（工段、区、队）和班组级的安全培训。生产经营单位实施新工艺、新技术或者使用新设备、新材料时，应当对有关从业人员重新进行有针对性的安全培训
9	安全生产	《气瓶安全技术规程》	第十一条　气瓶的钢印标记是识别气瓶的依据。钢印标记必须准确、清晰。钢印的位置和内容，应符合本规程附录 1《气瓶的钢印标记和检验色标》的规定
10		《气瓶安全技术规程》	第十二条　气瓶外表面的颜色、字样和色环，必须符合国家标准 GB/T 7144—2016《气瓶颜色标记》的规定
11		《气瓶安全技术规程》	第十三条　气瓶的产权单位应建立气瓶档案。气瓶档案包括：合格证、产品质量证明书、气瓶改装记录等。气瓶的档案应保存到气瓶报废为止 第十四条　气瓶的产权单位应按规定向所在地、市劳动部门锅炉压力容器安全监察机构报告本单位拥有的气瓶种类和数量
12		《气瓶安全技术规程》	第十四条条　气瓶应专用，如确实需要改装其他气体，改装工作应由气瓶检验单位进行
13		《气瓶安全技术规程》	第四十五条　瓶阀应满足下列要求： 1. 瓶阀材料不与瓶内盛装气体发生化学反应，也不影响气体的质量 2. 瓶阀上与气瓶连接的螺纹，必须与瓶口内螺纹匹配，并符合相应标准的规定。瓶阀出气口的结构，应能有效地防止气体错装、错用 3. 氧气和强氧化性气体气瓶的瓶阀密封材料，必须采用无油脂的阻燃材料

续表

序号	类别	法规标准	适用条款内容
13			4．液化石油气瓶阀的手轮材料，应具有阻燃性能 5．瓶阀阀体上如装有爆破片，其爆破压力应略高于瓶内气体的最高温升压力 6．同一规格，型号的瓶阀，重量允差不超过5% 7．瓶阀出厂时，应按只出具合格证
14		《气瓶安全技术规程》	第四十六条　易熔合金塞应满足下列要求： 1．易熔合金不与瓶内气体发生化学反应，也不影响气体的质量 2．易熔合金的流动温度准确 3．易熔合金塞座与瓶体连接的螺纹应保证密封性
15		《气瓶安全技术规程》	第四十七条　瓶帽应满足下列要求： 1．有良好的抗撞击性 2．不得用灰口铸铁制造 3．可卸式瓶帽应有互换性，装卸方便，不易松动 4．如用户无特殊要求，一般应佩戴固定式瓶帽。同一工厂制造的同一规格的固定式瓶帽重量允差不超过5%
16		《气瓶颜色标志》	各种介质气瓶的颜色标记是指涂敷在气瓶外表面的瓶色、字样、字色以及色环，是识别气瓶内所充装气体的标志。同时也规定了气瓶检验色标，目的是从颜色上迅速辨别出盛装某种气体的气瓶和瓶内气体的性质（可燃性毒性），避免错装和错用的可能性。另外是反射阳光和热量，防止气瓶外表面生锈
17		《气瓶颜色标志》	气瓶的钢印标志是识别气瓶的重要依据。气瓶的钢印标志包括制造钢印标志和检验钢印标志
18	应急管理	《生产安全事故应急预案管理办法》	第三十一条　生产经营单位应当组织开展本单位的应急预案、应急知识、自救互救和避险逃生技能的培训活动，使有关人员了解应急预案内容，熟悉应急职责、应急处置程序和措施
19		《生产安全事故应急预案管理办法》	第十五条　对于危险性较大的场所、装置或者设施，生产经营单位应当编制现场处置方案。现场处置方案应当规定应急工作职责、应急处置措施和注意事项等内容。事故风险单一、危险性小的生产经营单位，可以只编制现场处置方案
20		《生产安全事故应急预案管理办法》	第十九条　生产经营单位应当在编制应急预案的基础上，针对工作场所、岗位的特点，编制简明、实用、有效的应急处置卡应急处置卡应当规定重点岗位、人员的应急处置程序和措施，以及相关联络人员和联系方式，便于从业人员携带

6.1.5　懂制度要求

表6-3　炉前维修岗位涉及相关制度一览表

序号	类别	规章制度	适用条款内容	使用岗位
1	安全环保	动火作业管理规定	动火指标：一氧化碳（CO）浓度≤0.5%；氧含量（O_2）19.5%～21%。防范措施：安全隔离、关闭送气盲板阀、进行氮气置换、检测分析	炉前维修岗位

续表

序号	类别	规章制度	适用条款内容	使用岗位
2		受限空间作业管理规定	受限指标：甲烷（CH_4）≤$25mg/m^3$，一氧化碳（CO）≤$30mg/m^3$，氧（O_2）19.5%～21%，C_2H_2≤0.2%。防范措施：安全隔离、关闭送气盲板阀、进行氮气置换、检测分析、保持通信畅通	炉前维修岗位
3		高处作业管理规定	使用全身式安全带，高挂低用，挂靠在固定点	炉前维修岗位
4		临时用电管理规定	电源线要求无破损、漏电保护器完好、距离地面不小于2m	炉前维修岗位
5	班组建设	电石三车间班组十项制度汇编	1．岗位专责制；2．全员安全生产责任制；3．交接班制；4．巡回检查制；5．经济核算制；6．质量负责制；7．设备维护保养制；8．岗位练兵制；9．文明生产责任制；10．思想政治工作责任制	炉前维修岗位
6	设备设施	工器具管理规定	工器具使用者应熟悉工器具的使用方法，在使用前应进行常规检查，不准使用外观有缺陷等不合格的工器具。外界环境条件不符合使用工器具的要求、使用者佩戴劳动保护用品不符合规定时不准使用。应按工器具的使用方法规范使用工器具，爱惜工器具，严禁超负荷、错用、野蛮使用工器具	炉前维修岗位
7		设备润滑管理规定	严格按照设备润滑卡加油标准执行，按照先加油后填写设备润滑记录，加油完毕后在“设备润滑记录本”进行准确记录。	炉前维修岗位
8		对讲机使用管理规定	对讲机一机一岗专用，班班交接，严禁转借他人，严禁个人携带外出。遵守“谁使用，谁保管；谁损坏，谁负责”的原则，丢失、损坏的，按规定赔偿。严禁使用对讲机进行聊天、说笑，不得用对讲机讲一些与工作无关的事情。严格按照规定频道使用，严禁占用其他频道，或故意扰乱其他频道	炉前维修岗位
9		防雷防静电接地管理规定	检查接地装置连接处是否有松动、脱焊、接触不良的情况。接地装置检查引下线接地连接端所用镀锌螺栓、镀锌垫圈和镀锌弹簧垫圈等部件是否齐全	炉前维修岗位
10	气瓶管理	气瓶管理规定	第九条　气瓶的装卸 （一）必须佩戴好瓶帽（有防护罩的气瓶除外）、防震圈（集装气瓶除外），轻装轻卸，严禁抛、滑、滚、碰 （二）吊装时，严禁使用电磁起重机和金属链绳	炉前维修岗位
11		气瓶管理规定	第十条　气瓶的保管 （一）各类气瓶要分专室储存，以免所装介质相互接触后引起燃烧、爆炸事故。气瓶储存室应符合《建筑设计防火规范》的有关规定 （二）储存室要有专人管理。发出的气瓶，瓶帽、防震圈等安全附件应齐全 （三）仓库内不得有地沟、暗道，严禁明火和其他热源，仓库内应通风、干燥、避免阳光直射 （四）空瓶与实瓶应分开放置，并有明显标志，毒性气体气瓶或瓶内介质相互接触能引起燃烧、爆炸、产生毒物的气瓶，应分室存放，并在附近设置防毒用具或灭火器材。乙炔瓶失火严禁使用四氯化碳灭火器 （五）气瓶放置应整齐，佩戴好瓶帽。立放时要设置气瓶防倾倒支架并妥善固定；横放时，头部朝同一方向（乙炔气瓶严禁横放）	炉前维修岗位

续表

序号	类别	规章制度	适用条款内容	使用岗位
12		气瓶管理规定	第十一条　气瓶的使用 （一）气瓶的领用应按先进先用的原则，以确保气瓶及时更新，保证气瓶在检验有效期内使用。如存在长期不用且超过气瓶检验有效期限的气瓶应退还气瓶充装单位处理。对于充装单位不明确的气瓶送往有资质的气瓶检验机构处理 （二）各类气瓶要分专室储存，以免所装介质相互接触后引起燃烧、爆炸事故 （三）不得用电磁起重机和链绳吊装搬运。若移动作业时，应采用小车搬运，严禁乙炔瓶与氧气瓶放在同一小车搬运 （四）瓶阀冻结时不得用火烘烤，严禁在气瓶上电焊引弧、改装，禁止敲击、碰撞气瓶；严禁用温度超过 40℃的热源对气瓶加热 （五）气瓶不得靠近热源。乙炔气瓶还不得靠近电气设备，夏季要防止暴晒。盛装可燃、助燃性气体的气瓶与明火的距离要大于 10m （六）使用前应按要求将合格的减压阀连接到气瓶上，并清洁连接软管 （七）气瓶立放时，佩戴好瓶帽。必须设置气瓶防倾倒支架并妥善固定 （八）在可能造成回流的使用场合，使用设备上必须配置防止倒灌的装置，如单向阀、止回阀、缓冲罐等 （九）瓶内气体不得用尽，必须留有剩余压力或质量，永久气体气瓶的剩余压力应不小于 0.05MPa，液化气体气瓶应留有不少于 0.5%～1.0%规定充装量的剩余气体 （十）在公司厂区范围内进行施工的外协单位和个人也必须执行国家关于气瓶管理相关条例、规定规程，并接受公司相关部门的检查 （十一）气瓶发生事故时，由发生事故的部门按设备事故管理规定上报执行 （十二）气瓶的使用部门为气瓶的监督部门，做好气瓶使用过程中的安全防护措施及安全使用要求	炉前维修岗位
13		气瓶管理规定	第十二条　气瓶的检验，各种气瓶必须按不同介质规定检验周期进行检验 （一）盛装腐蚀性气体的气瓶，每二年检验一次 （二）盛装一般性气体的气瓶，每三年检验一次 （三）盛装惰性气体的气瓶，每五年检验一次 （四）气瓶在使用过程中，发现有严重腐蚀、损伤或对其安全可靠性有怀疑时，应提前进行检验	炉前维修岗位

6.2 五会

6.2.1 会生产操作

6.2.1.1 电焊机操作规程

a．每班作业前，班长对作业人员使用的设备进行安全技术交底；焊接人员应穿戴好焊工服、安全帽或护目镜、绝缘手套、口罩等，扣紧衣领和袖口，穿绝缘鞋，如有配合人员也应穿戴好防护用品。

b. 焊、割场地禁止存放有关易燃易爆物品，采取安全措施，装设相应的安全器材（水带、灭火器或沙子等），严禁触电火灾，有害气体中毒等事故。

c. 在焊割工作场所中的安全范围内（5～10m），不准堆放各种焊接设备和易燃易爆物品，如油类、木材、氧气瓶、乙炔瓶等。

d. 焊机存放地点应通风良好、清洁干燥、无杂物放置，应在焊机下加垫干燥木板。

e. 久未使用的焊机，及时通知电工检查绝缘电阻不得低于 0.5MΩ，接线部位不得有腐蚀和受潮的现象。

f. 电焊机接入电网时，应注意两者电压相符（380V）；焊接设备应有完整的保护外壳，一次、二次接线柱处应有安全保护罩，一次线一般不超过 5m，二次线一般不超过 30m。

g. 焊机导线和接线均不准搭在易燃易爆和带有热源的物品上，不准接在机械设备和管线及建筑物金属构件和轨道上，机壳接地应符合焊接工艺规定，接地电阻不得大于 4Ω。

h. 焊钳握柄必须用绝缘耐热材料制作，握柄与导线连接处应牢固，并包好绝缘布。移动焊接设备时必须切断电源。

i. 特别要注意对直流电焊机的保护冷却，严禁在不通风的情况下使用。施焊现场的 10m 范围内，不得堆放木材等易燃物。作业后，清理场地、灭绝火种、切断电源、锁好闸箱、消除焊料余热后，方可离开。

6.2.1.2 台式钻床操作规程

a. 开机前请仔细检查电器系统、控制开关等是否安全可靠，是否安装牢固，并将工作平台上的工件或工器具等物品搬走。

b. 工作前应将钻床空运 1～3min，钻床有异常时严禁操作。

c. 设备检查正常后将工件夹紧在工作台上，用专用扳手将钻头锁紧。

d. 工件放置在平台后，用手动操作升降平台，找正中心位置（高低、左右）后准备启动钻床。

e. 工作台的水平及垂直位置分别由工作台水平位置调整手柄控制，并且钻头要与工件保持在水平垂直的位置。

f. 在加工工件前根据工件的厚度、几何形状、材质确定钻床的选用速度，避免钻头断裂伤人。

g. 在按“快速按钮”时，要特别检查。钻床安装、维修、保养必须在切断电源后进行。

h. 按动“启动”按钮，指示灯亮，通过钻床手柄对工件进行加工，加工完毕后断开电源，将工件取下。

i. 操作者必须穿工作服，佩戴防护眼镜及必要的防护用品（不允许戴手套操作）。

6.2.1.3 台式虎钳操作规程

a. 虎钳上不得放置工具，防止滑下伤人。

b. 使用转座虎钳时，必须把固定螺栓锁紧。

c. 虎钳的丝杠、螺母要经常擦洗，加油润滑，保持清洁，如有损坏，不得使用。

d. 钳口要保持完好，磨平的要及时修理，以防工件滑脱伤人。钳台固定螺栓要经常检查，以防松动，不准使用已经滑口的螺栓。

e. 用虎钳夹持工件时，只许用虎口最大行程的3/8，不得用管子套在手柄上或用手锤击打手柄紧固。

f. 工件必须放正夹紧，手柄朝下工作。

g. 工件超过钳口部分太长，要加支撑。装卸工件时，必须防止工件掉落伤人。

6.2.1.4 切割机操作规程

a. 穿戴好防护工作服及劳动防护用品。

b. 工作时务必要注意力集中，严禁酒后操作切割机。

c. 使用前必须认真检查设备的性能，确保各部件完好。

d. 加工的工件必须夹牢，严禁工件未夹紧或固定牢固就开始进行切割，以防砂轮片破裂伤人。

e. 严禁在切割片平面上修磨工件毛刺。

f. 切割时操作者必须站在切割片的侧面。

g. 严禁使用残缺的切割片，防止切割作业时切割片碎裂伤人。

h. 切割机使用时，检查各防护部件是否完好，电源开关是否正常。切割作业时，远离易燃易爆物品，严禁切割机带病运行。

i. 更换新的切割片时，应断开总电源及切割机电源，严禁未断电进行作业。

j. 切割作业时必须佩戴防护眼镜，防止切割物进入眼睛。

k. 作业完毕应断开总电源及切割机电源，并将现场卫生清理干净。

6.2.1.5 落地砂轮机操作规程

（1）落地式砂轮机的试验和检查

a. 落地式砂轮机的电机每六个月必须由专业的电工进行定期检验，如有异常，应立即停止使用，不得带病运行。

b. 检查落地式砂轮（电磨头）片型号与角向砂轮（磨头）机相匹配。严禁使用有裂纹或其他不良的砂轮片。

c．检查落地式砂轮机必须装有钢板制成的防护罩，应能保证当砂轮片碎裂时挡住砂轮片，不得随意拆除防护罩。

d．严禁使用雨淋或受潮的砂轮片。

（2）落地式砂轮机使用注意事项

a．使用落地式砂轮机时，应戴防护眼镜。

b．使用时，应使火星向下，或做好防止伤害其他工作职员的措施。

c．严禁未办理动火工作票就使用砂轮机。

d．严禁用落地式砂轮机当切割机使用。

e．不得打磨非金属材料。

f．工作中发现砂轮片松动，应立即停机，重新进行紧固。

g．砂轮片半径小于原半径 1/3 时应更换新砂轮片。

h．操作人员严禁在砂轮机正前方进行打磨作业。

i．操作打磨时严禁戴手套进行打磨，防止卷入砂轮。

6.2.1.6 液压弯管器操作规程

a．使用前作业人员穿戴好劳动防护用品。

b．作业前检查电源线、开关、电机、油泵、液压油管、胎具等是否完好，各部位螺钉有无松动，金属外壳和电源线有无漏电，发现问题及时处理更换后，方可使用。

c．电动液压弯管器使用时应固定牢固，校钎工具固定牢固，启机应在卸载阀打开的情况下进行，待电机运转正常后再使用。

d．更换或装配模前，要将液压推杆回缩到位，放置校钎杆、钎子时要两人配合作业，谨防挤伤手指。

e．校正钢钎或钎杆时，校钎支架固定牢固，校钎工具选择合适，严禁超行程工作，以免损坏油缸。

f．工作完毕后，进行卸载，使油缸回缩到位并关闭泄压阀，切断设备电源。严禁校正除钢钎、钎杆以外零部件，工作完毕后及时清扫设备周围卫生，保证设备处于完好状态。

6.2.1.7 氧气瓶使用安全规程

a．氧气瓶应戴好安全防护帽，竖直安放在固定的支架上，要采取防止日光暴晒的措施。

b．氧气瓶里的氧气，不能全部用完，必须留有剩余压力，严防乙炔倒灌引起爆炸。尚有剩余压力的氧气瓶，应将阀门拧紧，注上“空瓶”标记。

c．氧气瓶附件有缺损、阀门螺杆滑丝时，应停止使用。

d．禁止用沾染油类的手和工具操作气瓶，以防引起爆炸。

e．氧气瓶不能强烈碰撞。禁止采用抛、摔及其他容易引起撞击的方法进行装卸或搬运。严禁用电磁起重机吊运。

f．在开启瓶阀和减压器时，人要站在侧面；开启的速度要缓慢，防止有机材料零件温度过高或气流过快产生静电火花而造成燃烧。

g．冬天，气瓶的减压器和管系发生冻结时，严禁用火烘烤或使用铁器一类的东西猛击气瓶，更不能猛拧减压表的调节螺栓，以防止氧气突然大量冲出，造成事故。

h．氧气瓶不得靠近热源，与明火的距离一般不得小于10m。

i．禁止使用没有减压器的氧气瓶。气瓶的减压器应由专业人员修理。

6.2.1.8　检修作业规程

（1）焊接地轮

a．办理相关票据审批，专人监护；

b．现场安全条件确认，停止该炉眼出炉，冷却 4h，使用岩棉封堵，防止人员烫伤，电石锅小车拉出该轨道，取下钢丝绳；

c．准备工器具，拆除需更换的地轮；

d．焊接地轮底座；

e．试车验收合格恢复正常生产。

（2）编制钢丝绳

a．办理相关票据审批，专人监护；

b．卷扬机断电，电机做短接挂牌，取下钢丝绳环；

c．将损坏钢丝绳使用割枪割除；

d．重新编制钢丝绳，卷扬机送电。

（3）焊接钢钎

a．班组将变形损坏钢钎拆除送至炉前维修工房；

b．使用氧气乙炔割除变形损坏钢钎部位；

c．截取同等规格长度钢钎焊接；

d．使用智能机器人将修复好的钢钎放置在工具架上。

（4）修复铜母线

a．班组将损坏铜母线拆除送至炉前维修工房；

b．使用工具割除损坏铜母线烧损部位；

c．拆除铜母线导电接头；

d．重新安装接头，使用楔子固定。

（5）焊接钢钎

a．班组将变形损坏钢钎拆除送至炉前维修工房；

b．使用氧气乙炔割除变形损坏钢钎部位，校正钢钎；

c．截取同等规格长度钢钎焊接。

6.2.2 会异常分析

设备异常情况见表 6-4。

表 6-4 设备异常情况一览表

异常情况	存在的现象	原因分析	处理措施
电焊机故障	电焊机不起电弧	1．电源没有电压 2．电源电压过低 3．焊机接线错误 4．焊机线圈短路或断路	1．检查电源开关和熔断器的接通情况及电源电压 2．调整电源电压 3．检查一次侧和二次侧的接线是否正确 4．检修线圈
	焊接电流过小	1．焊机功率过小 2．电源引线和焊接电缆过长，压降过大 3．电源引线和焊接电缆盘成盘形，电感过大 4．焊接电缆接头松动	1．更换大功率的焊机或两台并联使用 2．减小导线长度或加大线径 3．将导线放开 4．将接头重新接好
	焊机振动及响声过大	1．动铁芯上的螺杆和拉紧弹簧松动或脱落 2．动铁芯或动圈的传动机构有故障 3．移动滑道磨损严重，间隙之间距离过大 4．线圈短路	1．加固动铁芯及拉紧弹簧 2．更换磨损零件 3．检修线圈
	调节手柄摇不动或动铁芯、动线圈不能移动	1．传动机构上油垢太多卡涩或已锈住 2．传动机构磨损 3．移动滑道上有障碍 4．BX3 系列焊机线圈的引出线拴住或挤在线圈中	1．清洗或除锈 2．检修或更换磨损的零件 3．清除障碍物 4．清理线圈引出线
	焊机线圈绝缘电阻太低	1．线圈受潮 2．线圈长期过热、绝缘老化	1．在 100～110℃的烘干炉中烘干 2．检修线圈
	熔断器经常熔断	1．电源线路短路或接地 2．一次或两次绕组匝间短路	1．检查电源线的情况 2．检修线圈
砂轮机故障	电动机不转动（有电磁声音）	1．启动电容损坏 2．三相电源断相 3．电源开关损坏 4．轴承卡死 5．绕组烧坏	1．更换新电容 2．查修电路 3．更换电源开关 4．更换轴承 5．修理绕组

续表

异常情况	存在的现象	原因分析	处理措施
砂轮机故障	电动机不转（无电磁声音）	1. 电源开关损坏 2. 停电 3. 绕组烧坏	1. 更换电源开关 2. 等待供电 3. 修理绕组
	砂轮易碎或磨损过快	1. 砂轮类型不正确 2. 砂轮过期或质量不好 3. 轴承损坏 4. 安装不正确	1. 更换类型对应的砂轮 2. 更换为合格砂轮 3. 更换轴承 4. 正确安装
	声音不正常	1. 轴承磨损严重 2. 砂轮安装不正确 3. 缺相运行 4. 绕组故障	1. 更换轴承 2. 正确安装砂轮 3. 查修电源 4. 查修绕组
	绕组烧毁	1. 定子、转子扫膛 2. 三相电动机断相运行 3. 单相电动机误接入不符电压	1. 更换轴承 2. 查修电源
弯管机故障	弯管机不运转	无制冷或泵不作用	1. 检查电源线是否连接到电源插头 2. 检查电源开关是否开启 3. 检查面板电源是否开启
	泵不能正常工作	1. 检查整个系统的液体水平，确保泵在接收液体 2. 检查泵电机是否运转 3. 检查循环系统是否堵塞	1. 检查整个系统的液体水平，确保泵在接收液体 2. 检查泵电机是否运转 3. 检查循环系统是否堵塞
	泵吸力不足	1. 电压太低 2. 管直径过小 3. 流体黏度太高 4. 连接管是否受限制	1. 检查是否电压太低 2. 检查是否管直径过小 3. 检查是否流体黏度太高 4. 检查连接管是否受到了限制
	无制冷或制冷不足	1. 电压太低或太高 2. 通风处有堵塞 3. 环境温度过高 4. 热量被转到冷却液体里	1. 检查是否电压太低或太高 2. 检查通风处是否有堵塞 3. 检查环境温度（过高的环境温度会引起制冷压缩机短时停机） 4. 检查是否过多的热量被转到冷却液体里，因为这会超过制冷系统的冷却能力

6.2.3 会设备巡检

6.2.3.1 巡检路线

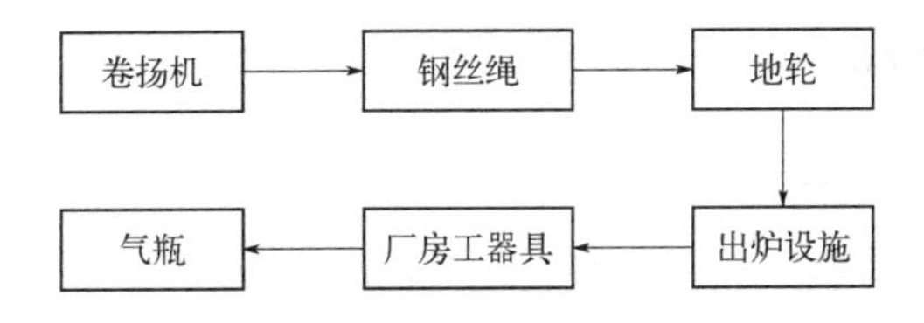

6.2.3.2 设备巡检内容及判定标准

设备巡检内容及判定标准见表6-5。

表6-5 设备巡检内容及判定标准一览表

设备名称	巡检内容	判定标准	巡检周期
卷扬机	1. 外观干净、无漏油，铭牌防护罩完好 2. 主体结构无破损变形、无严重锈蚀 3. 制动器结构完好无裂纹 4. 摩擦片磨损不超过40% 5. 联轴器轴销、弹性元件完好 6. 减速机运行状况 7. 地脚螺栓是否紧固	1. 外观无灰尘，壳体密封无油污、无异响 2. 无锈蚀、无掉漆、无破损 3. 刹车正常 4. 各紧固点螺栓紧固	8h/次
钢丝绳	1. 钢丝绳有无断股 2. 钢丝绳有无烧损 3. 钢丝绳长度是否满足操作要求 4. 钢丝绳锚固点是否紧固	1. 钢丝绳某一绳股整股断裂，应予报废 2. 当绳端或其附近出现断丝（即使数量少），如果绳长允许，应将断丝部位切去，重新装 3. 满足电石锅拉运最远距离 4. 各紧固点螺栓紧固	8h/次
地轮	1. 地轮外观，连接螺栓是否松动 2. 地轮无磨损 3. 地轮转动情况	1. 地轮无歪斜 2. 地轮表面无凹槽 3. 地轮正常运转	8h/次
出炉设施	1. 设备外观是否完好 2. 设备有无异常声响 3. 设备基础是否完好	1. 无明显裂纹、腐蚀、变形及损伤 2. 无异常振动、摩擦及响声 3. 支撑牢靠，基座、基础完整，不下陷，螺栓齐全	8h/次
厂房工具	1. 用电设备电源线路 2. 安全附件完好情况 3. 配件更换使用情况 4. 底座完好无歪斜	1. 电气线路无破损，漏电保护器完好 2. 压力表、阻火器完好 3. 易损件完好无破损，备件齐全 4. 螺栓无松动，位置无偏移	8h/次
气瓶	1. 瓶体颜色、标识、外观 2. 瓶阀、瓶体无泄漏 3. 气瓶存放、安全距离 4. 气瓶安全附件	1. 瓶身颜色、标识、完好 2. 阀体正常，阀门密封完好，无泄漏 3. 与热源、明火保持10m安全距离 4. 压力表、减压阀完好	8h/次
厂房环境	1. 厂房照明设施 2. 厂房场地情况 3. 厂房通风条件 4. 安全出口安全通道	1. 照明灯完好，照度适中 2. 地面无积水不潮湿、无杂物 3. 通风良好 4. 安全出口无堵塞、通道无遮挡	8h/次

6.2.4 会风险辨识

6.2.4.1 LEC辨识方法

LEC风险辨识方法详细请参考1.2.4.1小节。

6.2.4.2 JSA 辨识方法

JSA 辨识方法详细请参考 1.2.4.2 小节。

工作安全分析表详细见表 6-6。

表 6-6 工作安全分析（JSA）表

<table>
<tr><td>部门</td><td>电石三车间</td><td>工作任务简述</td><td colspan="2">更换挡火屏、炉墙板</td></tr>
<tr><td>分析人员</td><td>张某</td><td>许可证</td><td>检修作业票、生产装置检维修交接单、高处作业票、冷却记录、固定动火、临时用电</td><td rowspan="2">特种作业人员是否有资质证明：
是 □否</td></tr>
<tr><td>相关操作规程</td><td>□有 ☑无</td><td>有无交叉作业</td><td>□有 ☑无</td></tr>
<tr><td>工作步骤</td><td colspan="2">危害描述（后果及影响）</td><td>控制措施</td><td>落实人</td></tr>
<tr><td>炉眼停止出炉并冷却</td><td colspan="2">炉眼未完全冷却导致炉眼跑眼，存在灼烫的风险</td><td>炉眼冷却 4h，炉眼用岩棉进行填塞</td><td>李某</td></tr>
<tr><td>悬挂吊葫芦</td><td colspan="2">登高作业未佩戴安全带会发生高处坠落的风险</td><td>检查安全带完好，高挂低用</td><td>李某</td></tr>
<tr><td>维修人员拆除炉墙板</td><td colspan="2">吊耳、吊具不牢靠会发生物体打击的风险</td><td>检查吊耳，焊接牢固，检查吊葫芦完好，吊装作业时下方周围人员撤离</td><td>李某</td></tr>
<tr><td>拆除吊葫芦</td><td colspan="2">登高作业未佩戴安全带会发生高处坠落的风险</td><td>检查安全带完好，高挂低用</td><td>李某</td></tr>
<tr><td>拉运炉墙板</td><td colspan="2">在拉运期间，人员发生物体打击的风险</td><td>人员站在侧方进行拉运吊装，严禁站在正前方操作</td><td>李某</td></tr>
<tr><td>悬挂吊葫芦</td><td colspan="2">登高作业未佩戴安全带会发生高处坠落的风险</td><td>检查安全带完好，高挂低用</td><td>李某</td></tr>
<tr><td>维修人员安装炉墙板</td><td colspan="2">吊耳、吊具不牢靠会发生物体打击的风险</td><td>检查吊耳，焊接牢固，检查吊葫芦完好，吊装作业时下方周围人员撤离</td><td>李某</td></tr>
<tr><td>进行焊接加固</td><td colspan="2">电焊机未接漏电保护触电、小车钢丝绳未拆除造成物体打击伤害</td><td>1. 电源线接漏电保护，确认完好
2. 在焊接期间拆除小车钢丝绳</td><td>李某</td></tr>
<tr><td>属地设备员进行验收</td><td colspan="2">电石不能完全流入电石锅内，使用寿命短</td><td>验收安装的垂直与水平、根部与底座平行度</td><td>李某</td></tr>
<tr><td>应急措施</td><td colspan="4">1. 现场指派专人监护，如遇电石跑眼流出，检修及监护人员及时撤离，封堵炉眼
2. 如遇炉门框等通水设施漏水，检修及监护人员及时撤离，通知关闭相应阀门
3. 如遇人员灼烫、中暑等情况，现场人员应及时应急处理，并送往医务室</td></tr>
<tr><td>参与交底人员</td><td colspan="4">焦某、马某、朱某</td></tr>
</table>

6.2.4.3 SCL 安全检查表法

SCL 安全检查表法详细请参考 1.2.4.3 小节。

安全检查见表 6-7。

表 6-7 安全检查表（SCL）

序号	检查部位	检查内容	检查结果（是√或否×）	检查时间	检查人员	负责人	检查情况及整改要求	备注
1	炉前维修	电焊机是否完好无损，电源是否设独立电闸，电焊钳手把和线路绝缘是否良好	×	××××-××-××	杨某	张某	维修工房内电焊机线路多处裸露，存在人员触电风险，按照要求进行更换线路，确保绝缘完好	
2	炉前维修	气焊使用氧气瓶时是否装有氧气减压阀，是否使用氧气专用的橡胶软管	√	××××-××-××	杨某	张某		
3	炉前维修	气焊使用的溶解乙炔气瓶，是否装设乙炔专用的减压阀和回火防止器，是否使用乙炔专用的橡胶软管	×	××××-××-××	杨某	张某	维修工房内使用的乙炔瓶专用橡胶软管老化且软管着色磨损严重，更换乙炔瓶专用新橡胶软管	
4	炉前维修	电焊机的接地线路是否符合要求，是否采用远距离接地回路	√	××××-××-××	杨某	张某		
5	炉前维修	溶解乙炔瓶与动火点的距离是否少于 10m，与氧气瓶的距离是否少于 5m	×	××××-××-××	杨某	张某	炉前维修在焊接钎子时乙炔瓶与动火点的距离少于 10m，与氧气瓶的距离少于 5m，按照要求进行整改	
6	炉前维修	工房内动火现场是否通风良好、道路畅通	×	××××-××-××	杨某	张某	工房内动火现场轴流风机未启动，通道处电动车随意摆放，要求在焊接作业时，轴流风机运行，电动车停靠在指定位置，严禁占用人行通道	
7	炉前维修	动火点周围是否配备必要的灭火器材或设施	√	××××-××-××	杨某	张某		
8	炉前维修	气瓶外表是否存在腐蚀、变形、磨损、裂纹等严重缺陷	√	××××-××-××	杨某	张某		

6.2.5 会应急处置

6.2.5.1 人员灼烫

人员灼烫应急处置卡见表 6-8。

表 6-8　人员灼烫应急处置卡

<table>
<tr><td>突发事件描述</td><td colspan="3">现场作业人员劳动防护用品穿戴不齐全，接触高温物体表面，造成人员灼、烫伤</td></tr>
<tr><td>工序名称</td><td colspan="3">炉前维修岗位</td></tr>
<tr><td>岗位</td><td>炉前维修工</td><td>危险等级</td><td>中等</td></tr>
<tr><td>主要危害因素</td><td colspan="3">1．在热电石锅附近作业，热电石锅与人员未保持安全距离
2．作业过程中未佩戴全套劳动防护用品，赤手接触高温物体表面</td></tr>
<tr><td>应急注意事项</td><td colspan="3">1．应急人员必须佩戴便携式 CO 检测仪，必要时佩戴正压式空气呼吸器进行救援
2．应急过程中必须扶好扶手，不得使用担架上下楼梯
3．应急人员必须规范穿戴好劳动防护用品</td></tr>
<tr><td>劳动防护用品</td><td colspan="3">安全帽、防尘口罩、阻燃服、电焊手套、电焊面罩</td></tr>
<tr><td>应急处置措施</td><td colspan="3"> 1．剪开烫伤处衣物（严禁撕扯） 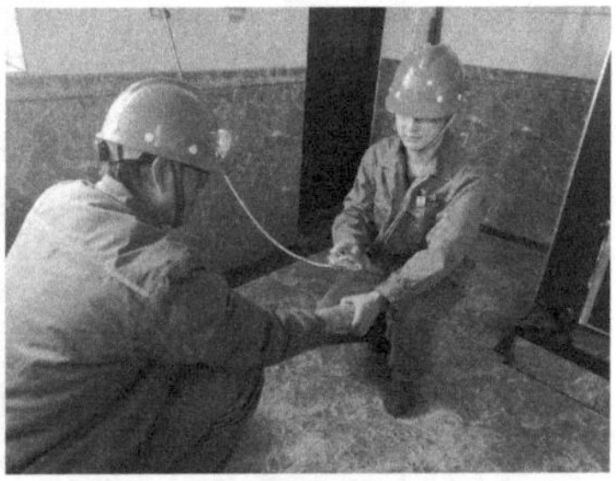
2．对烫伤处进行冲洗降温 30min 
3．烫伤处冲洗干净后，涂抹烫伤膏 
4．使用纱布包扎后送医观察治疗</td></tr>
<tr><td>安全警示标识</td><td colspan="3"> 当心烫伤 
当心高温表面</td></tr>
</table>

6.2.5.2　人员一氧化碳中毒

人员一氧化碳中毒应急处置卡见表 6-9。

表 6-9　人员一氧化碳中毒应急处置卡

<table>
<tr><td>突发事件描述</td><td colspan="3">现场 CO 气体泄漏，造成作业人员一氧化碳中毒</td></tr>
<tr><td>工序名称</td><td colspan="3">炉前维修岗位</td></tr>
<tr><td>岗位</td><td>炉前维修工</td><td>危险等级</td><td>中等</td></tr>
<tr><td>主要危害因素</td><td colspan="3">1．检修工作时，现场存在 CO 气体超标
2．受限空间作业，CO 置换不合格
3．检修作业时生产异常，CO 泄漏</td></tr>
<tr><td>应急注意事项</td><td colspan="3">1．应急人员必须佩戴正压式空气呼吸器进行救援
2．应急过程中必须扶好扶手，不得使用担架上下楼梯
3．应急人员必须规范穿戴好劳动防护用品</td></tr>
<tr><td>劳动防护用品</td><td colspan="3">安全帽、防尘口罩、工作服、便携式 CO 报警仪、正压式空气呼吸器</td></tr>
<tr><td>应急处置措施</td><td colspan="3">
1．通知有人员中毒
2．人员佩戴好正压式空气呼吸器救护

3．通知救护车，将患者抬至通风区域救治

4．对患者实施胸外按压等待救护，及时送医</td></tr>
<tr><td>安全警示标识</td><td colspan="3">
</td></tr>
</table>

6.2.5.3　人员机械伤害

人员机械伤害应急处置卡见表 6-10。

表 6-10　人员机械伤害应急处置卡

突发事件描述	人员检修时不慎接触动设备运行部位，造成作业人员机械伤害		
工序名称	维修工岗位		
岗位	炉前维修工	危险等级	中等
主要危害因素	1．巡检时靠近和触碰运行中动设备 2．作业过程中未与运行中的动设备保持安全距离		
应急注意事项	1．带电设备需断电救援 2．禁止移动伤者造成二次伤害 3．判定现场环境，应急人员选用符合救援要求的应急物资进行救援		
劳动防护用品	电焊手套、电焊面罩、安全帽、防尘口罩、工作服、便携式 CO 报警仪		
应急处置措施	 1．发现人员受到机械伤害立即按急停按钮  2．立即通知上报车间领导 3．检查伤者的情况 4．对受伤部位进行止血包扎处理，及时送医	 	
安全警示标识	  当心中毒 当心机械伤人		

6.2.5.4　人员中暑

人员中暑应急处置卡见表 6-11。

表 6-11　人员中暑应急处置卡

突发事件描述	在高温区域长时间作业中暑		
工序名称	炉前维修岗位		
岗位	炉前维修工	危险等级	中等
主要危害因素	1．炉眼下方长时间作业 2．高温环境长时间作业 3．热电石旁检修作业		
应急注意事项	1．按照受伤人员病情选择适当救援方案，不得盲目施救，应急人员必须规范穿戴好劳动防护用品 2．应急过程中必须扶好扶手，不得使用担架上下楼梯		
劳动防护用品	安全帽、防尘口罩、工作服		
应急处置措施	 1．将中暑人员搬运至阴凉通风处 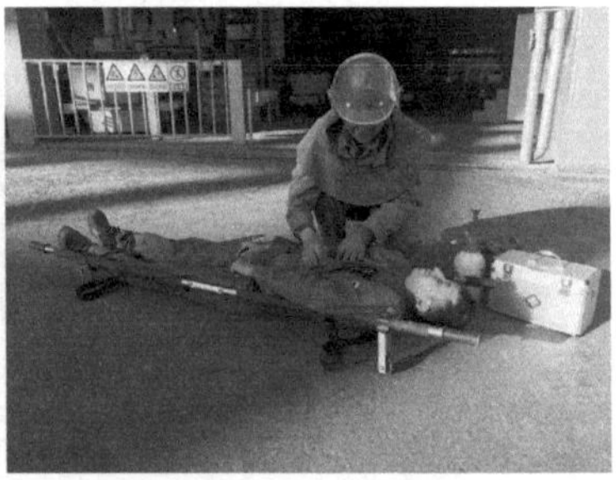 2．解开中暑人员衣服，身体降温 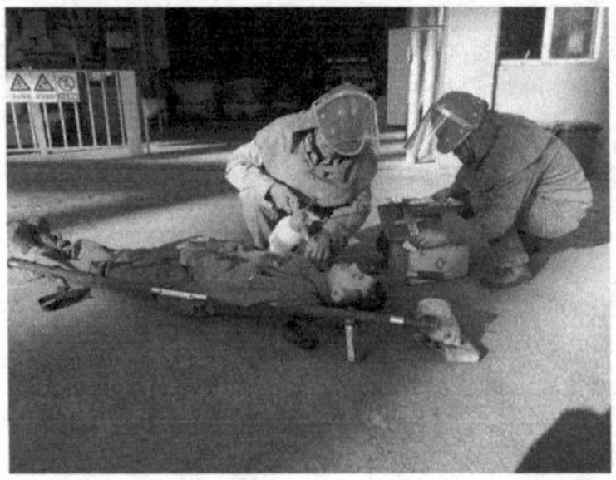 3．使用喷壶对患者喷洒降温 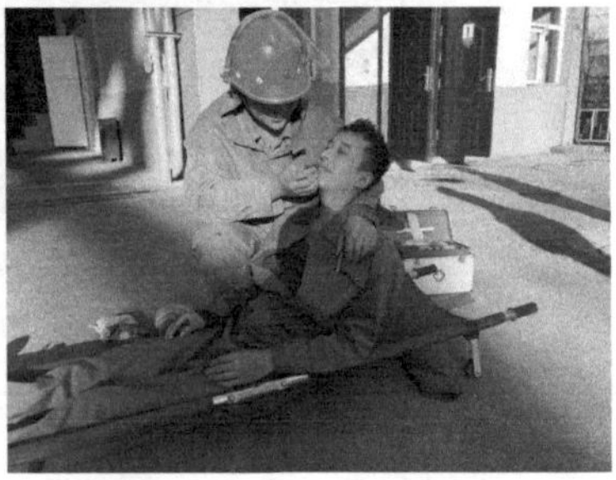 4．患者恢复意识后，可服用藿香正气水，及时送医		
安全警示标识	 当心高温表面		

6.3 五能

6.3.1 能遵守工艺纪律

炉前维修岗位工艺纪律见表 6-12。

表 6-12 炉前维修工序工艺纪律一览表

序号	工艺生产操作控制
1	电焊机作业必须保证接地线完好，漏电保护正常运转，焊把线路无破损
2	使用氧气乙炔时气瓶直立放置，与明火保持 10m 安全距离，乙炔瓶安装阻火器
3	严禁使用电焊机大电流割除物件
4	使用电焊机作业不得超电流，母材与焊条相匹配
5	作业时电焊机保护接地线必须可靠接地
6	严禁人员使用潮湿手套电焊作业，作业场地保持干燥

6.3.2 能遵守安全纪律

炉前维修岗位安全纪律见表 6-13。

表 6-13 炉前维修工序安全纪律一览表

序号	安全纪律
1	严禁戴手套加工工件
2	严禁触摸传动设备
3	严禁动用非本岗位的工具设备
4	未通风置换检测合格禁止受限空间作业
5	严禁设备未断电进行设备检修
6	气瓶与动火点未保持足够安全距离禁止作业
7	未经允许不准私自进入电石炉二楼区域
8	上下楼梯不扶扶手
9	动火作业护目镜、电焊面罩齐全
10	炉眼下方作业，炉眼冷却时间足够
11	禁止跨越运行中钢丝绳
12	严禁在设备运转过程中未做好防护措施进行作业
13	严禁使用过期未经校验的特种设备作业

炉前维修岗位安全纪律示例见图 6-19~图 6-30。

图 6-19　氧气瓶滚动搬运

图 6-20　氧气瓶正确移动

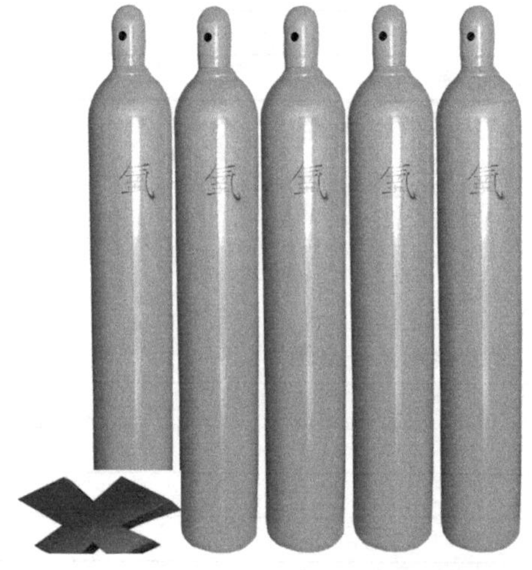

图 6-21　气瓶未做防倾倒措施

图 6-22　气瓶做好防倾倒措施

图 6-23　使用砂轮机站位错误，防护不全

图 6-24　劳保防护穿戴齐全，侧身站立

图 6-25　使用台钻眼部防护缺失

图 6-26　正确佩戴防护眼镜

图 6-27　电焊作业未戴手套

图 6-28　正确使用电焊手套作业

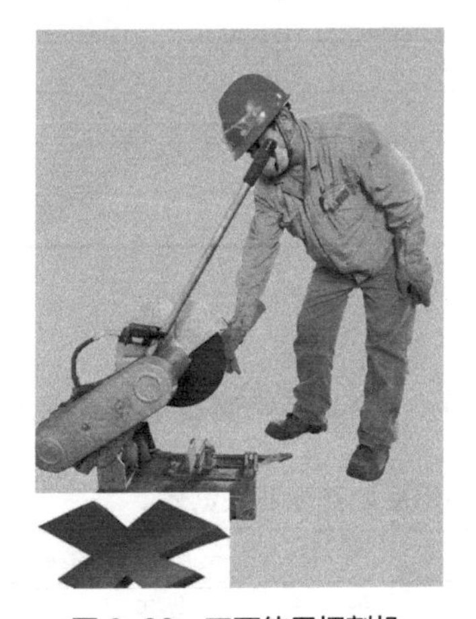

图 6-29　正面使用切割机

图 6-30　劳保防护穿戴齐全，侧身作业

6.3.3 能遵守劳动纪律

6.3.3.1 能遵守本岗位劳动纪律

岗位劳动纪律见表 6-14。

表 6-14 岗位劳动纪律一览表

序号	违反劳动纪律
1	上班期间串岗、离岗，在岗期间做与工作无关的事情
2	上班期间玩手机、吃零食
3	上班期间精神不振或睡岗
4	在生产厂区内吸烟、饮酒
5	厂区内未佩戴安全帽
6	在检修现场追打逗闹
7	未办理作业票据进行危险作业
8	未进行气体检测进入受限空间
9	2m 以上高空、临边作业时不系安全带
10	未上锁挂牌进行清理、检修、调试作业
11	起重区域内穿行或停留
12	用手接触运转部位
13	未经审批进行工艺指标及联锁控制的变更
14	人员无证作业
15	强令他人违章作业
16	串岗、脱岗、班中睡觉
17	在工作时间内从事与本职工作无关的活动
18	岗前 8 小时饮酒
19	酒后上岗作业
20	开动非本岗位设备；授意他人操作本岗位设备
21	管理者本人或指派人员有意进行违章作业
22	管理者本人或指派非工种人员进行特种作业
23	管理者本人在现场对违章行为不制止

6.3.3.2 劳动防护用品配备标准

炉前维修岗位防护用品配备标准见表 6-15、炉前维修岗位劳保穿戴见图 6-31。

表 6-15 炉前维修岗位防护用品配备标准一览表

配发劳动防护用品种类	发放周期
阻燃服	1 套/年
棉衣	3 年/件

续表

配发劳动防护用品种类	发放周期
玻璃钢安全帽	3 年/顶
帆布手套	1 双/月
3M 防护眼镜	1 个/年
N95 防尘口罩	4 只/月
电焊手套	2 双/月
钢包头劳保鞋	6 月/双

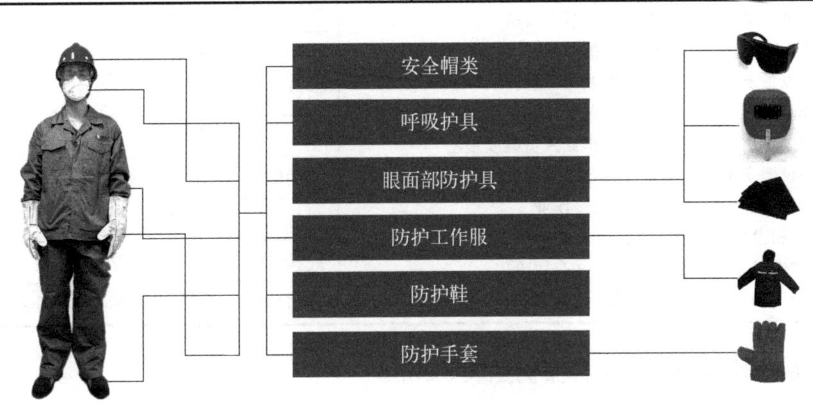

图 6-31　炉前维修岗位劳保穿戴图

6.3.4　能制止他人违章

炉前维修岗位制止违章见表 6-16。

表 6-16　炉前维修岗位制止违章一览表

违章行为	监督举报	积分奖励
1．动火作业未进行动火分析 2．高处作业未佩戴安全带 3．不具备作业条件违规作业 4．作业人员私自修改、篡改作业方案及票证 5．跨越运行中的钢丝绳 6．岗位特殊违章行为 7．高风险作业未编制方案、准备应急预案 8．监护人未履行监护职责 9．未办理、未按要求审批作业票进行危险作业 10．未上锁挂牌进行清理、检修、调试作业 11．未执行生产装置检维修交接单 12．危险作业前未进行安全交底 13．危险作业安全措施不当或未落实 14．危险作业风险辨识不到位 15．特种作业人员无证作业 16．危险作业完成未验收	向现场安全人员举报	+1
	告知现场负责人	+1
	批评教育	+2
	现场纠错	+2
	安全提醒	+1
	行为观察	+2
	组织培训	+2
	提供学习资料	+2
	告知违章后果	+2

6.3.5 能抵制违章指挥

炉前维修岗位抵制违章指挥见表6-17。

表6-17 炉前维修岗位抵制违章指挥一览表

违章指挥	抵制要求
1．未取样或取样不合格，强令人员进入受限作业 2．未挂安全带，强令高处作业 3．未办理票证，强令检修作业 4．未佩戴检测仪，强令进入有毒有害场所 5．设备未断电，强令操作人员带电作业 6．运转设备未停止，强令操作人员检修作业 7．特种作业证过期，强令作业人员作业 8．特种设备超过检验期，强令作业人员继续使用 9．设备设施安全防护不全，强令冒险作业 10．漏电保护器失效未安装，强令作业 11．工具和设备本身缺陷，强令冒险使用 12．恶劣天气未采取有效措施，强令冒险作业 13．作业现场不具备施工条件，强令冒险作业	抵制违章指挥，坚决不违章操作 撤离现场，不执行违章指挥命令 现场安全提醒，采取纠错 告知车间或公司 监督举报 向公司检举信箱投递 帮助他人，一同抵制违章指挥 现身说法，告知身边人 经验分享，分享抵制违章指挥的行为 参与培训，清楚违章指挥和违章作业行为

炉前维修岗位违章指挥案例见表6-18。

表6-18 炉前维修岗位违章指挥案例

<table>
<tr><td>时间</td><td>2012.11.26</td><td>地点</td><td>炉前维修</td><td>部门</td><td>电石车间</td><td>类型</td><td>违章作业</td></tr>
<tr><td colspan="8">事情经过
炉前维修工甲某与乙某通知叉车司机将维修工房前一块厚30mm钢板叉至冷却厂房，两人用装车吊链捆绑一圈；乙某便通知行车工将钢板调运至冷却厂南侧靠墙处，因受行车限位影响，两人决定将钢板手推至南侧墙面。当时，乙某位于钢板的左侧，见甲某位于钢板正面，便提醒其应站在侧面操作，但甲某不听劝阻，乙某也未进一步制止。由于吊链捆绑不牢靠，钢板受力滑落，甲某躲闪时被电石绊倒，钢板倒向北侧电石后弹起，将甲某左侧胫腓骨砸伤。随即送往医院进行检查，经诊断为左脚左侧胫腓骨骨折</td></tr>
<tr><td colspan="8">原因分析
1．车间炉前维修工甲某与乙某安全意识淡薄、自我保护意识差，吊链仅绑了一道且未用铁丝将绳结固定，是造成此次事故的直接原因
2．车间疏于现场安全管理，安排工作未进行安全技术交底，对现场员工作业风险未能进行有效控制，致使作业现场处于无人监控状态，是此次事故发生的主要管理原因
3．车间未将炉前维修工纳入车间班组管理，由设备员直接监管，对炉前维修工日常监督管理、安全培训教育不到位，是此次事故发生的另一管理原因</td></tr>
<tr><td colspan="8">整改措施
1．车间将炉前维修岗位人员纳入班组管理，确保炉前维修工各项作业规范管理
2．安环处牵头组织对炉前维修工开展岗位安全知识培训考试，提高岗位人员安全意识和风险辨识能力
3．由机械动力处对吊装作业管理制度进行修订和完善，明确冷却厂房除电石吊装以外的作业必须开具票据
4．各车间对涉及吊装作业的岗位加强培训和检查，确保岗位人员熟练掌握吊装作业安全知识，严格执行吊装作业制度
5．加强对起重设备的管理，由安全环保处牵头，人事处、机械动力处配合在全公司范围内开展对起重设备完好状态、作业人员的安全作业技能及持证情况进行一次专项检查</td></tr>
</table>

续表

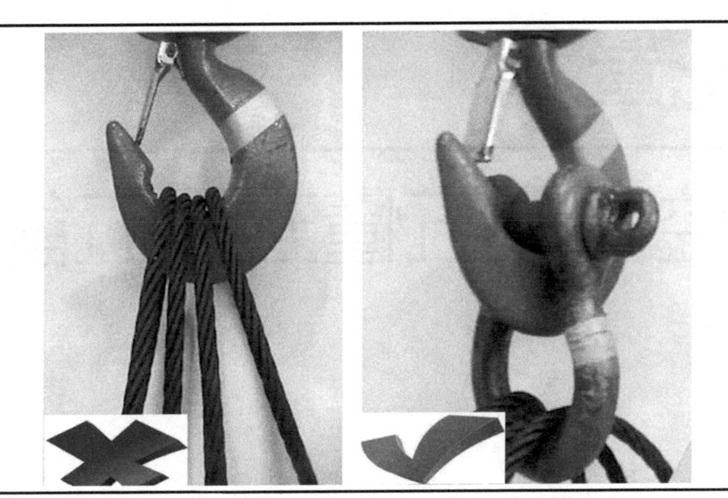

第七章

中控岗位五懂五会五能

岗位描述：负责电石炉停送电、电极及负荷升降操作、配料操作及工艺、电气参数调整，监视电石炉运行情况，以及发生的异常情况进行紧急处置。

7.1 五懂

7.1.1 懂工艺技术

7.1.1.1 工艺原理

① 电石炉生产流程：按照设定要求将配好的炉料通过输料皮带、环形加料机，在刮板作用下分布到12个环形料仓内，原材料通过自重进入炉膛内，利用电阻热冶炼成液体电石，由一楼出炉岗位进行出炉操作，液体电石流入电石锅内，在出炉完毕封堵炉眼后，将满锅电石拉入冷破厂房，行车工根据冷却时间将电石吊运至电石摆放点，在电石冷却后，由行车工对成品电石进行装车。

② 上料系统：环形加料机用于将原料加入每一个料仓，上料信号由料仓上的料位仪给出，每个料仓上部设有一套刮料装置，该刮料装置由气缸推动，将原料送入料仓内，原材料经自重由下料管及料柱，均匀地分布在三相电极周围。

7.1.1.2 工艺特点

① 密闭电石炉：40.5MV•A密闭电石炉采用组合式电极柱、系统全密闭埋弧冶炼，炉体整体密封，具有连续加料、产量高、单耗低，环保等优点。

② 电极压放：电极采用组合式把持器式结构，电极的焙烧及压放连续可靠。

③ PLC控制：实时监测、调整及时、操作简便、安全可靠。

7.1.1.3 基本概念

① 电石炉：电石炉属于矿热炉，主要原料是焦、兰炭与石灰石按一定的配比要求混合后经电极电弧冶炼反应生成电石（碳化钙），电石炉工艺流程图见图 1-1。

② 入炉深度：入炉深度是指电极从料面到电极端头的距离。

③ 炉料配比：炉料的配比通常是以 100kg 生石灰配合多少公斤炭材原料来表示。

④ 糊柱高度：糊柱高度是指从电极底环上端起至电极糊糊面高度的电极糊高度。

7.1.1.4 工艺指标表

工艺指标表详细请参考 1.1.1.4 工艺指标。

7.1.2 懂危险特性

7.1.2.1 过程危险特性

① 电极软断：软断导致炉压瞬间升高，高温炉料伴随炉气喷出造成设备损坏和人身伤害事故。

② 电极硬断：电极在已烧结部分断裂称为硬断，硬断可能导致断面电极与炉内设备发生连电打火损坏设备造成炉内漏水，发生闪爆事故。

③ 主控电脑黑屏：电脑程序、线路故障；电源线松动导致电石炉电极失控，发生电极事故。

④ 触电：人体触及带电体以及因绝缘损坏而带电的设备外壳或接近高压带电体时，都可能造成触电事故。

⑤ 大塌料：因料面结壳透气性差；电石出入不平衡；炉内有漏水点；炉内积灰较多导致电石炉出现大塌料，高温炉气伴随熔融炉料喷出导致设备损坏及人身伤害事故。

⑥ 氢气含量超标：在生产过程中因炉内设备漏水，入炉原料水分超标造成炉内氢气含量超标，如处置不及时，可能导致闪爆事故发生。

⑦ 料仓闪爆：生产过程中因料仓料位低，没有及时添加原料可能导致 CO 进入料仓，造成空间闪爆事故，危及人身安全。

⑧ 荒气烟道无法泄压：正常生产过程中出现塌料炉压瞬间增大，荒气烟道蝶阀可能因积灰卡涩，气源压力不够以及电磁阀故障，蝶阀无法打开，导致炉内压力无法快速外泄，高温炉气及 CO 外泄，造成空间闪爆及人身伤害事故。

7.1.2.2 物质危险特性

① 一氧化碳：有毒有害，无色、无味气体（接触限值：15～30kg/m^3，1h 内死

亡）；易燃易爆（爆炸极限：12.5%～74.2%）。

② 氢气：易燃易爆（爆炸极限：4.0%～75.6%）。

③ 氧气：炉气中含氧量（≤0.5%）。

7.1.2.3 设备设施危险特性

① 触碰线路导致人员身体发生触电。

② 触碰插座及插头，可能导致人员身体发生触电。

7.1.2.4 环境危险特性

① 室内作业环境不良：室内地面、通道、楼梯被任何液体、熔融物质润湿，结冰或有其他易滑物等。

② 采光照明不足：指照明度不足或过强、烟尘弥漫影响照明等。

7.1.3 懂设备原理

7.1.3.1 设备类

① 操作电脑见图 7-1。

图 7-1 配电电脑

原理：主要由显示器、处理器、主板、散热器、显卡、内存条、硬盘、机箱、电源、鼠标等组成，按照程序运行，实现自动、高速处理功能。

功能：自动、高速处理海量数据的现代化智能电子设备。

② 对讲机见图 7-2。

原理：使用流量、利用物联卡对讲，但是不能进行查询上网等脱离设备的动作，利用全网通 4G 网络信号和独立自主平台，来达到全国不限距离通话。

功能：用于现场工作沟通。

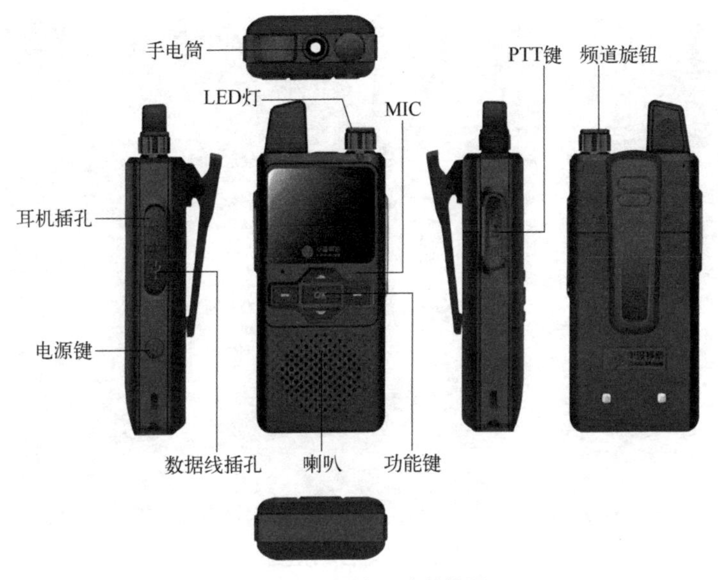

图 7-2　对讲机示意结构图

③ UPS 不间断电源见图 7-3 和图 7-4。

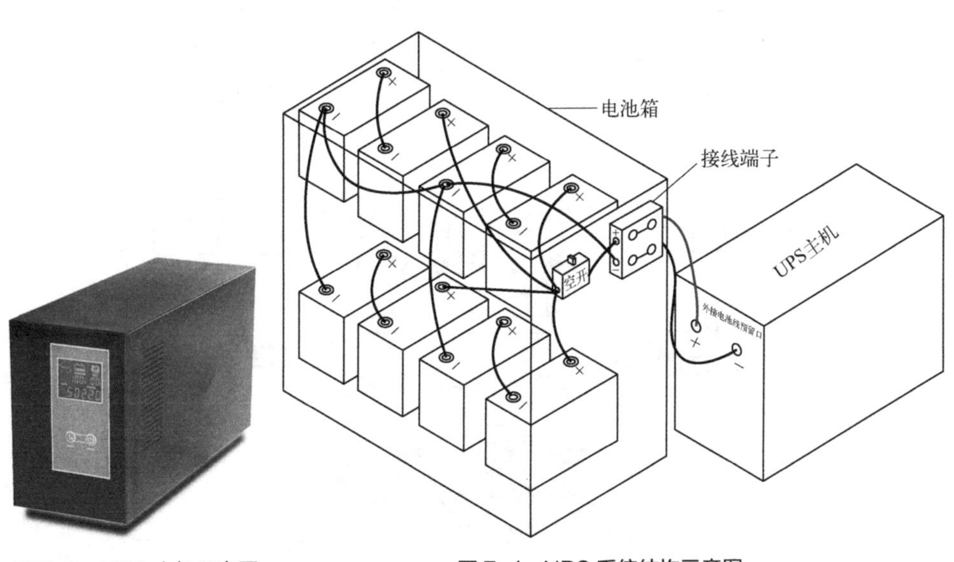

图 7-3　UPS 主机示意图　　　　图 7-4　UPS 系统结构示意图

原理：主要由主路、旁路、电池等电源输入电路，进行 AC/DC 变换的整流器（REC），进行 DC/AC 变换的逆变器（INV），逆变和旁路输出切换电路以及蓄能电池组成。

功能：储存电能，提供直流电能，为现场应急提供备用电源。

④ 电石炉见图 7-5 和图 7-6。

图 7-5　电石炉示意图

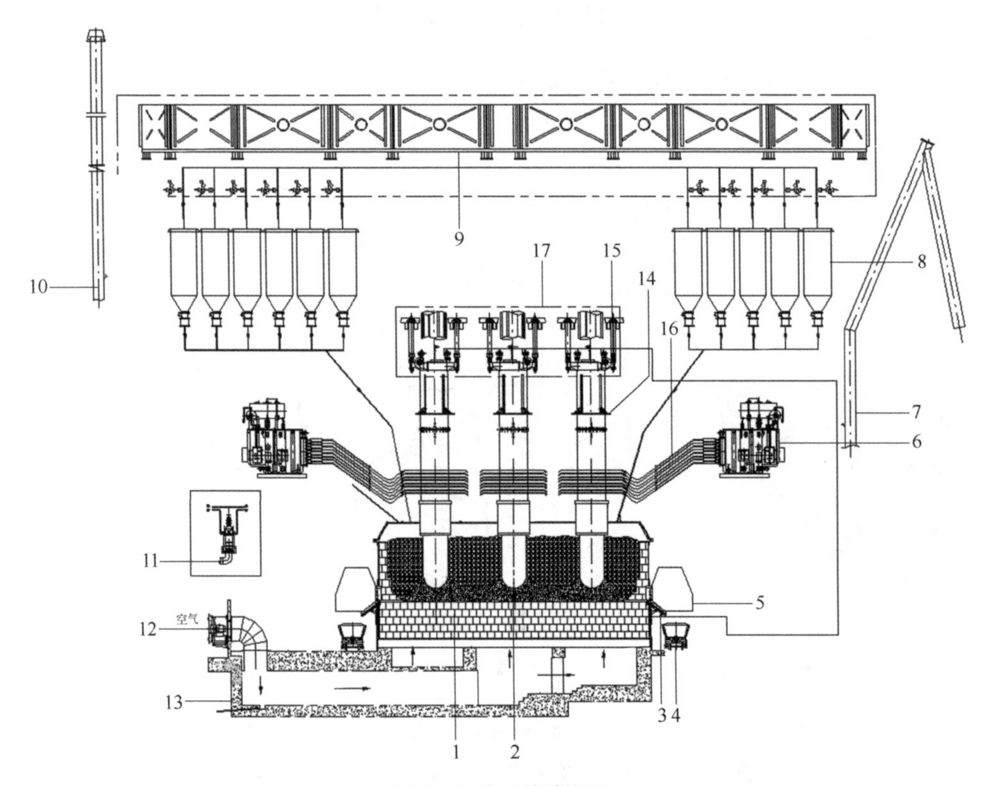

图 7-6　电石炉结构图

1—电石炉；2—电极；3—炉舌；4—出炉小车；5—烟罩；6—变压器；7—炉气净化系统；8—料仓；9—环形加料机；10—荒气烟道；11—冷却循环水系统；12—进气管道；13—炉底冷却系统；14—电极把持器；15—大力缸；16—短网；17—液压系统

原理：电石炉变压器将电网中的高压电进行降压，转化成适合电石炉生产的低压大电流，大电流输送到电极，在电极端头产生电弧热，炉料凭借此热量在1900～2200℃的高温下反应生成电石。

功能：将电能转化为热能，利用炉内电弧发出的高温使炉料熔化反应生成电石。

7.1.3.2 安全设施类

① 语音报警仪详细请参照图1-20和图1-21。

② 灭火器详细请参照图1-22和图1-23。

③ 正压式空气呼吸器详细请参照图1-24和图1-25。

④ 医用氧气瓶详细请参照图1-26和图1-27。

7.1.4 懂法规标准

7.1.4.1 中控岗位所涉及法律

中控岗位所涉及法律见表7-1。《中华人民共和国安全生产法》简称《安全生产法》，《中华人民共和国职业病防治法》简称《职业病防治法》。

表7-1 中控岗位所涉及法律一览表

序号	类别	法规标准	适用条款内容
1	人员资质	《安全生产法》	第二十八条　生产经营单位应当对从业人员进行安全生产教育和培训，保证从业人员具备必要的安全生产知识，熟悉有关的安全生产规章制度和安全操作规程，掌握本岗位的安全操作技能，了解事故应急处理措施。未经安全生产教育和培训合格的从业人员，不得上岗作业
2		《安全生产法》	第三十条　特种作业人员必须按照国家有关规定经专门的安全作业培训，取得相应资格，方可上岗作业
3		《安全生产法》	第五十八条　从业人员应当接受安全生产教育和培训，掌握本职工作所需的安全生产知识，提高安全生产技能，增强事故预防和应急处理能力
4	应急管理	《安全生产法》	第五十四条　从业人员有权拒绝违章指挥和强令冒险作业
5		《安全生产法》	第五十五条　从业人员发现直接危及人身安全的紧急情况时，有权停止作业或者在采取可能的应急措施后撤离作业场所
6		《安全生产法》	第五十九条　从业人员发现事故隐患或者其他不安全因素，应当立即向现场安全生产管理人员或者本单位负责人报告；接到报告的人员应当及时予以处理
7	职业健康	《安全生产法》	第五十三条　生产经营单位的从业人员有权了解其作业场所和工作岗位存在的危险因素、防范措施及事故应急措施，有权对本单位的安全生产工作提出建议
8		《安全生产法》	第五十七条　从业人员在作业过程中，应当严格落实岗位安全责任，遵守本单位的安全生产规章制度和操作规程，服从管理，正确佩戴和使用劳动防护用品
9		《职业病防治法》	第二十二条　用人单位必须采用有效的职业病防护设施，并为劳动者提供个人使用的职业病防护用品

7.1.4.2 中控岗位所涉及法规标准

中控岗位所涉及法规标准见表 7-2。

表 7-2 中控岗位所涉及法规标准一览表

序号	类别	法规标准	适用条款内容
1	职业健康	《用人单位劳动防护用品管理规范》	第九条 用人单位使用的劳务派遣工、接纳的实习学生应当纳入本单位人员统一管理，并配备相应的劳动防护用品。对处于作业地点的其他外来人员，必须按照与进行作业的劳动者相同的标准，正确佩戴和使用劳动防护用品
2	职业健康	《用人单位劳动防护用品管理规范》	第十二条 同一工作地点存在不同种类的危险、有害因素的，应当为劳动者同时提供防御各类危害的劳动防护用品。需要同时配备的劳动防护用品，还应考虑其可兼容性
3	职业健康	《用人单位劳动防护用品管理规范》	第十四条 用人单位应当在可能发生急性职业损伤的有毒害工作场所配备应急劳动防护用品，放置于现场临近位置并有醒目标识，用人单位应当为巡检等流动作业的劳动者配备随身携带的个人应急防护品
4	培训教育	《新疆维吾尔自治区安全生产条例》	第十四条 生产经营单位应当按照国家有关规定，对从业人员进行安全生产教育和培训，并建立从业人员安全培训档案，记录培训时间内容以及考核情况
5	培训教育	《安全生产培训管理办法》	第十条 生产经营单位应当建立安全培训管理制度，保障从业人员安全培训所需经费，对从业人员进行与其所从事岗位相应的安全教育培训；从业人员调整工作岗位或者采用新工艺、新技术、新设备、新材料的，应当对其进行专门的安全教育和培训。未经安全教育和培训合格的从业人员，不得上岗作业
6	培训教育	《安全生产培训管理办法》	第十八条 安全监管监察人员、从事安全生产工作的相关人员、依照有关法律法规应当接受安全生产知识和管理能力考核的生产经营单位主要负责人和安全生产管理人员、特种作业人员的安全培训的考核，应当坚持教考分离、统一标准、统一题库、分级负责的原则，分步推行有远程视频监控的计算机考试
7	培训教育	《生产经营单位安全培训规定》	第十三条 生产经营单位新上岗的从业人员，岗前培训时间不得少于 24 学时
8	培训教育	《生产经营单位安全培训规定》	第十七条 从业人员在本生产经营单位内调整工作岗位或离岗一年以上重新上岗时，应当重新接受车间（工段、区、队）和班组级的安全培训。生产经营单位采用新工艺、新技术、新材料或者使用新设备时，应当对有关从业人员重新进行有针对性的安全培训
9	安全生产	《危险化学品企业安全风险隐患排查治理导则》	复产复工前排查是指节假日、设备大检修、生产原因等停产较长时间，在重新恢复生产前，需要进行人员培训，对生产工艺、设备设施等进行综合性隐患排查
10	安全生产	《危险化学品企业安全风险隐患排查治理导则》	当发生以下情形之一时，应根据情况及时组织进行相关专业性排查： 1．装置工艺、设备、电气、仪表、公用工程或操作参数发生重大改变的 2．外部安全生产环境发生重大变化的 3．发生安全事故或对安全事故、事件有新认识的
11	安全生产	《危险化学品企业安全风险隐患排查治理导则》	企业安全教育培训制度的执行情况，主要包括： 1．人员、工艺技术、设备设施等发生改变时，及时对操作人员进行再培训 2．采用新工艺、新技术、新材料或使用新设备前，对从业人员进行专门的安全生产教育和培训

续表

序号	类别	法规标准	适用条款内容
12	安全生产	《危险化学品企业安全风险隐患排查治理导则》	岗位人员对本岗位涉及的安全生产信息知识的了解掌握情况
13		《危险化学品企业安全风险隐患排查治理导则》	全员参与安全风险辨识与培训情况
14		《危险化学品企业安全风险隐患排查治理导则》	1．开停车前安全条件的检查确认 2．开停车前开展安全风险辨识分析、开停车方案的制定、安全措施的编制及落实 3．开车过程中重要步骤的签字确认，包括装置冲洗、吹扫、气密试验时安全措施的制定，引进蒸汽、氮气、易燃易爆、腐蚀性等危险介质前的流程确认，引进物料时对流量、温度、压力、液位等参数变化情况的监测与流程再确认，进退料顺序和速率的管理，可能出现泄漏等异常现象部位的监控 4．停车过程中，设备和管线低点处的安全排放操作及吹扫处理后与其他系统切断、确认工作的执行
15	报警设施	《石油化工可燃气体和有毒气体检测报警设计标准》	有毒气体的一级报警设定值应小于或等于100%OEL，有毒气体的二级报警设定值应小于或等于200%OEL。当现有探测器的测量范围不能满足测量要求时，有毒气体的一级报警设定值不超过5%IDLH，有毒气体的二级报警设定值不得超过10%IDLH
16	安全生产	《电石生产安全技术规程》	不准在明弧时压放电极
17		《电石生产安全技术规程》	1．压放电极根据电极工作端长度、电极焙烧质量、电流情况及工艺要求确定电极压放时间、长度 2．压放时应严格执行压放程序
18		《电石生产安全技术规程》	操作时应根据生产及电极焙烧情况增减负荷
19		《电石生产安全技术规程》	送电前应作认真、仔细的检查，经操作人员、电工共同确认具备送电条件，再与有关方面取得联系同意后方可送电
20		《电石生产安全技术规程》	送电前应确认变压器挡位级数为最低
21		《电石生产安全技术规程》	送电前确认以下内容： 1．系统绝缘符合要求； 2．料管插板正常，通料顺畅； 3．炉面杂物清除干净； 4．各通水部位阀门打开，出水畅通，压力正常； 5．炉压阀阀位正常、开关灵活； 6．炉气烟囱畅通； 7．炉盖冷却水胶管与炉盖钢构之间间隔可靠
22		《电石生产安全技术规程》	出现以下问题须停电处理：1．炉气温度、压力超标，氢气、氧气含量超标；2．系统小量漏水；3．下料管堵塞；4．翻液、塌料；5．电极压放装置故障；6．电极卷铁皮；7．密闭炉氢含量突然升高；8．油压系统漏油、着火；9．需上炉盖处理故障；10．电极漏糊；11．配料系统故障

续表

序号	类别	法规标准	适用条款内容
23	安全生产	《电石生产安全技术规程》	下列情况应紧急停电处理：1. 电流异常变化；2. 电极软断、硬断、电极脱落下滑，大量漏糊；3. 导电系统有严重放电现象或发生短路；4. 炉面设备大量漏水，密闭电石炉主要表现为氢气和炉压突然升高；5. 出炉系统漏水；6. 炉壁或炉底严重烧穿；7. 变压器室及油冷却系统发生故障；8. 严重喷火或爆炸；9. 电石炉冷却水系统堵塞、突然中断，大量冒蒸汽，有爆鸣声或异常现象；10. 液压系统发生漏油、压力快速下降；11. 净化系统防爆膜破裂漏气；12. 发生火灾及其他严重事故
24		《电石生产安全技术规程》	信号异常立即停止输送系统，查明原因
25		《电石生产安全技术规程》	测量电极时，应降低运行负荷，控制炉压为负压状态，人员应戴好防护面罩，侧对测量孔
26		《电石生产安全技术规程》	发现料仓长时间不下料，应立即查明原因
27		《电石生产安全技术规程》	油管漏油时，不得压放电极、升降电极
28		《电石生产安全技术规程》	电极应保持一定工作长度，符合工艺要求
29		《电石生产安全技术规程》	电石炉炉气净化系统在开车前，应进行气体置换，含氧量小于1%
30	应急管理	《生产安全事故应急预案管理办法》	第十五条　对于危险性较大的场所、装置或者设施，生产经营单位应当编制现场处置方案。现场处置方案应当规定应急工作职责、应急处置措施和注意事项等内容。事故风险单一、危险性小的生产经营单位，可以只编制现场处置方案
31		《生产安全事故应急预案管理办法》	第三十一条　生产经营单位应当组织开展本单位的应急预案、应急知识、自救互救和避险逃生技能的培训活动，使有关人员了解应急预案内容，熟悉应急职责、应急处置程序和措施
32		《化工企业急性中毒抢救应急措施规定》	第九条　有毒车间应备有急救箱，由专人保管，定期检查、补充和更换箱内的药品和器材
33		《化工企业急性中毒抢救应急措施规定》	第十六条　凡新入厂或调换新的作业岗位者，应进行有关安全规程、防毒急救常识等教育。经考试及格后，发给《安全作业证》，才能允许在有毒岗位上作业
34		《化工企业急性中毒抢救应急措施规定》	第二十一条　工人操作、检修和采样分析时，要严格执行各项操作规程，任何人不得更改。工人有权拒绝执行违反安全规定的指示
35	变更管理	《化工企业工艺安全管理实施导则》	4.4.2 培训管理程序应包含培训反馈评估方法和再培训规定。对培训内容、培训方式、培训人员、教师的表现以及培训效果进行评估，并作为改进和优化培训方案的依据；再培训至少每三年举办一次，根据需要可适当增加频次。当工艺技术、工艺设备发生变更时，需要按照变更管理程序的要求，就变更的内容和要求告知或培训操作人员及其他相关人员

7.1.5 懂制度要求

中控岗位涉及相关制度见表 7-3。

表 7-3 中控岗位涉及相关制度

序号	类别	规章制度	适用条款内容
1	安全环保	动火作业管理规定	动火指标：一氧化碳（CO）浓度≤0.5%；氧含量（O_2）19.5%～21%。防范措施：安全隔离、关闭送气盲板阀、进行氮气置换、检测分析
2		受限空间作业管理规定	受限指标：甲烷（CH_4）≤25mg/m^3，一氧化碳（CO）≤30mg/m^3，氧（O_2）19.5%～21%，C_2H_2≤0.2%。防范措施：安全隔离、关闭送气盲板阀、进行氮气置换、检测分析、保持通信畅通
3		高处作业管理规定	使用全身式安全带，高挂低用，挂靠在固定点
4		临时用电管理规定	电源线要求无破损、漏电保护器完好、距离地面不小于 2m
5	联锁控制	联锁/自控系统管理规定	对联锁/自控系统中存在的问题及时上报管理部门
6	班组建设	电石三车间班组十项制度汇编	1．岗位专责制；2．全员安全生产责任制；3．交接班制；4．巡回检查制；5．经济核算制；6．质量负责制；7．设备维护保养制；8．岗位练兵制；9．文明生产责任制；10．思想政治工作责任制
7	设备设施	工器具管理规定	工器具使用者应熟悉工器具的使用方法，在使用前应进行常规检查，不准使用外观有缺陷等不合格的工器具，外界环境条件应符合使用工器具的要求。使用者佩戴劳动保护用品不符合规定时不准使用。应按工器具的使用方法规范使用工器具，爱惜工器具，严禁超负荷、错用、野蛮使用工器具
8		设备润滑管理规定	严格按照设备润滑卡加油标准执行，先加油后填写设备润滑记录，加油完毕后在“设备润滑记录本”进行准确记录。
9		对讲机使用管理规定	对讲机一机一岗专用，班班交接，严禁转借他人，严禁个人携带外出。遵守“谁使用，谁保管；谁损坏，谁负责”的原则，丢失、损坏的，按规定赔偿。严禁使用对讲机进行聊天、说笑，不得用对讲机讲一些与工作无关的事情。严格按照规定频道使用，严禁占用其他频道，或故意扰乱其他频道
10		防雷防静电接地管理规定	检查接地装置连接处是否有松动、脱焊、接触不良的情况。接地装置检查引下线接地连接端所用镀锌螺栓、镀锌垫圈和镀锌弹簧垫圈等部件是否齐全

7.2 五会

7.2.1 会生产操作

7.2.1.1 电石炉开车操作送电步骤

① 属地车间工艺员联系调度通知机修、电仪车间填写检修转生产交接单，确认

送电条件并填写开车条件确认卡，配电工联系调度和开关站准备送电；

② 巡检工打开炉门，配电工通知净化工投净化；

③ 配电工确认各楼层人员撤离现场；

④ 电极位置提升≥1200mm，防止送电后电流过高，造成开关站跳闸；

⑤ 向调度和开关站申请确认送电；

⑥ 送电后做好相关记录。

7.2.1.2 正常生产中的岗位控制

① 电极烧结正常情况下，升挡可按照每分钟 2～3 挡操作；

② 电极烧结情况不好时，按照车间生产指挥人员要求，延长升挡时间；

③ 紧急降挡可按照 5 秒每挡进行操作；

④ 在任何操作中，变压器挡位相差不能超过 2 挡；

⑤ 根据当前负荷实际运行值，选择电流或电阻作为自动操作的设定值，投入自动运行；

⑥ 在正常生产时电石炉电极入炉深度控制在 1100mm±100mm；

⑦ 钎测电极前活动电极上下各 150mm±50mm，活动电极方式为先上后下；

⑧ 电石炉处理料面前活动电极，活动电极范围上下 200mm±50mm，活动电极方式为先上后下；

⑨ 电极电流异常上升 5kA 以上禁止提升该相电极，使用降低挡位的方式降低电流；

⑩ 电石炉压电极前必须进行降电流操作，电石炉降低电流不少于 5kA；

⑪ 电极压放间隔时间不得超出 30～120min；

⑫ 40.5MV•A 电石炉单相电极连续三个班次压放量超过 280mm 时，车间出具管控方案；

⑬ 电石炉电极长度控制在 1900mm±200mm；

⑭ 电石炉发生塌料，炉压短时间急剧上升，无明显下降趋势时，配电工及时打开荒气烟道蝶阀进行泄压，泄压后及时关闭荒气烟道蝶阀，并及时向当班调度说明原因；

⑮ 配电工配合巡检工每班至少检查 2 次；

⑯ 各电石炉配比变更间隔时间 8h 以上，炉料配比一般控制在 54%～59%；

⑰ 在正常生产过程中，功率因数≥0.90。

7.2.1.3 电石炉自动开炉门操作

① 远程操作：

a. 电石炉降至“1 挡”，活动三相电极，确认二楼人员撤离，炉压显示最大负压值一分钟且无波动后，由一人站在炉门侧后方5m以外，指挥配电工开启炉门；

b．配电工接到指令后，由配电工点击电脑界面“炉门操作”图标，弹出炉门操作对话框后，输入密码，配电工选择需要开启炉门，点击“炉门半开”，联系现场人员确认炉门状态，等待10s，现场人员确认炉门无冒火后，指挥配电工点击“炉门全开”，确认炉门全开后进行下一步作业。

c．现场人员确认炉门可以关闭后，指挥配电工点击相应炉门“炉门全关”，炉门关闭后联系现场人员进行确认。

d．所有作业完成后配电工关闭炉门操作对话框。

e．远程开闭炉门操作，现场必须有人监护，炉门周边有人员作业时，禁止炉门开闭操作。

② 本地操作：

a．现场操作人员将现场控制箱“远程/本地”旋钮，旋至本地；

b．将控制箱“门锁开关旋钮”旋至打开；

c．将“炉门开关”旋至打开，根据实际所需炉门开度，旋至停止；

③ 确认炉门可以关闭后，将炉门旋钮旋至关闭，门锁关闭，插上炉门安全销，操作结束。

7.2.1.4 处理料面

（1）投净化处理料面

a．配电工向调度和开关站申请处理料面；

b．配电工得到同意后电石炉开始降挡并联系净化切气；

c．当电石炉挡位降至最低挡，配电工通知巡检工将二楼人员撤离后，开始活动电极；

d．联系净化工提升风机频率至15Hz以上，保证炉压为−100Pa；

e.确认炉压为最大负压后，按照自动炉门操作方法打开离净气烟道最远的炉门；

f．炉门打开后由作业人员对炉内漏水进行检查，确认炉内没有漏水点后方可开始处理料面；

g．处理料面时由车间值班长及以上管理人员操作处理料面机器人，由另外一人进行开炉门及辅助拉线操作，其余无关人员在处理料面过程中不得进入黄线范围内；

h．处理料面过程中，禁止进行其他无关作业；

i．料面翻撬完毕后，值班长联系净化工将风机频率恢复至15Hz，由1人上炉盖板通过检查防爆孔对炉内设备进行检查；

j．料面处理完毕后，配电工通知净化工调整风机频率，联系调度、开关站升挡。

（2）退净化处理料面

a．配电工向调度和开关站申请处理料面；

b．配电工得到同意后电石炉开始降挡并联系净化切气；

c．当电石炉挡位降至 4 挡以下时，配电工通知净化工退出净化系统并打开荒气烟道蝶阀（反馈开度 100%），炉压为−100Pa；

d．当电石炉挡位降至最低挡时，配电工通知巡检工将二楼人员撤离后，开始活动电极；

e．确认炉压为−100Pa，按照自动炉门操作方法打开离荒气烟道最远的炉门；

f．炉门打开后由作业人员对炉内漏水进行检查，确认炉内没有漏水点后方可开始处理料面；

g．料面处理完后关闭炉门，由 1 人通过检查防爆孔对炉内设备进行检查；

h．检查完毕后，打开离净气烟道最远的炉门，配电工联系净化工投净化；

i．配电工通知关闭炉门，并关闭荒气烟道蝶阀同时联系调度、开关站升挡。

7.2.1.5 停车操作

（1）计划停车步骤

a．向调度和开关站申请停电；

b．通知净化工切气；

c．当电石炉挡位降至最低挡时，通知净化工调整净化风机频率，对炉膛压力进行调节，确保炉门关闭状态下炉膛压力为最大负压；

d．将挡位降至最低挡后，通知二楼人员撤离现场，调整电流 45kA 以下；

e．输入密码“888”点击“分闸”图标完成停电；

f．停电后先活动电极，活动范围为上下各 200mm±50mm，活动方式为先下后上；

g．关闭加热元件，10min 后关闭加热风机；

h．20min 后方可打开荒气烟道，退出净化；

i．电石炉停电检修期间，按照每 2h 活动一次电极的原则进行活动电极操作，活动范围为上下各 150mm±50mm，活动电极方式为先下后上，检修电极除外（如电极周围有入炉补焊作业，相应电极可不活动），停电 6h 后原则上不活动电极，特殊情况除外。

（2）紧急停车操作

a．电极筒内冒黑烟时；

b．循环水断水时；

c．动力电跳停时；

d．炉壁或炉底严重烧穿时；

e．炉内大量漏水或氢含量超标时；

f．电石炉变压器升、降挡位失控时；

g．短网等导电系统有明显的放电、打火现象时；

h．电石炉出现大塌料，炉压瞬间升高，最大炉压值持续 30s，无法正常泄压时；

i．液压、供电系统发生火灾事故时；

j．液压系统泄压，大量漏油，影响正常操作时；

k．控制系统出现失控，影响正常操作时；

l．电石炉出现三台工控机同时蓝屏、卡屏时；

m．电极电流突然上升且接触元件水温急剧上升时。

7.2.2 会异常分析

7.2.2.1 电石炉中控工岗位异常情况

中控工岗位异常情况见表 7-4。

表 7-4 中控工岗位异常情况一览表

异常情况	出现的现象	产生的原因	处理方法
电极软断	1．电流突然上升 2．炉盖温度增高 3．电极筒大量冒黑烟 4．炉压急剧升高 5．接触元件水温急剧上升	1．电极烧结不好，电极压放时或压放后未能适当控制电流，以致电流过大，烧坏电极筒造成电极软断 2．焊接电极筒时，焊接质量不好，出现开焊脱落 3．电极糊质量不合格，如挥发分过多、软化点高 4．电极糊加入不及时，加电极糊时糊面过高或过低 5．电极糊块粘连，造成蓬糊 6．压放电极太频繁，间隔时间太短，或压放电极后，电极过长，造成软断 7．电极把持器内温差大，温度控制不当	1．判断为电极软断时，配电工紧急停电，并打开荒气烟道蝶阀，净化工退出净化，立即关闭该相电极的所有循环水阀门 2．切记！不要提该相电极，迅速下降电极！使断头相接后压实炉料，减少电极糊外流 3．扒掉外流的电极糊，进行单相焙烧，若无法相接，扒出电极头，利用开炉焙烧电极方式进行焙烧 4．电极糊应填入电极筒内的高度达到夹紧装置顶部以上（3000mm） 5．降至最低挡，软断相电极不动，利用另两相电极控制调节焙烧该相电极
电极硬断	1．电流下降后回升 2．炉盖温度突然上升 3．电石炉产生的电弧声音异常 4．电流突然下降，或暂时上升后急剧下降	1．电极糊保管不当，灰分量高、黏结性差 2．停炉时电极长期与空气接触，导致氧化 3. 接触元件以上的电极糊过热，固体物沉淀，造成电极分层 4．电极糊质量差 5．电极过长，电流过大	1．立即停电，停电前严禁下降电极 2．根据电极长度适当压放电极后重新焙烧 3．如断头过长时，需拉出断头，重新压放电极焙烧
电极失控	1．电极不受控制下降或上升 2．电流突然上升下降 3．操作界面无法操作	1．电磁阀故障 2．液压泵故障	1．立即紧急停电 2．立即停止该相电极升降泵，并通知巡检工关闭大力缸进出口油阀 3．通知液压工转换备用泵

续表

异常情况	出现的现象	产生的原因	处理方法
电极压放困难	1. 电极连续压放量低于指标值 2. 压放电极不下	1. 三楼半电极筒筋板刮铁皮 2. 底环处弧板堆铁皮 3. 电极筒对接质量不合格，漏糊导致底环与电极粘接 4. 压放装置故障	1. 联系液压工检查排除故障 2. 若检查电石炉液压系统正常，停电检查电极故障
电极消耗较快	电极压放量偏小	1. 配比低，缺炉温 2. 炭材固定碳偏低 3. 电极钎测错误，误差大 4 电极糊挥发分过高 5. 单相炉眼出炉量过大	1. 适当提高炉料配比 2. 安排专人跟踪电极钎测情况，确保电极长度测量准确 3. 使用合格的电极糊 4. 合理控制三个炉眼出炉量，保证三相炉眼出炉量均匀
电极过烧	1. 电极消耗慢 2. 电极工作端过长	1. 电极糊挥发分过低 2. 长时间不压放电极 3. 整体压放量少 4. 电极位置高，料面温度高 5. 长时间电流偏大	1. 使用合格的电极糊 2. 合理控制电极压放量 3. 按照负荷调整相应的电极电流 4. 及时调整炉况，保持稳定电极位置
炉膛内大量漏水	1. 氢气含量上升超过指标值 2. 电石炉频繁塌料	1. 电石炉翻电石造成炉膛内通水设备损坏 2. 电石炉大塌料造成炉膛内通水设备损坏 3. 通水设备老化	1. 立即紧急停电，净化工退净化，荒气烟道蝶阀全开，禁止活动电极 2. 漏水点未确认前，由二楼巡检工负责关闭所有循环水红色供水阀门（接触元件、护屏、底环、密封套、炉盖）
大塌料	电石炉炉压瞬间升高至上限冲开防爆孔，二楼大量烟雾	1. 料面结壳透气性差 2. 电石出入不平衡 3. 炉内有漏水点 4. 炉内积灰较多	1. 电石炉紧急停电，立即全开荒气烟道并退出净化 2. 二楼所有人员迅速撤离至安全区域 3. 如正在出炉暂时封堵炉眼停止出炉
电极入炉不够	电极入炉深度较浅，达不到指标要求	1. 炉底炉温偏低 2. 炉料配比偏高 3. 炉料比电阻偏小	1. 适当降低负荷 2. 降低炉料配比 3. 加强出炉
电流波动较大	电石炉电极电流出现大范围波动，不稳定	1. 出炉不及时，电石炉缺炉温 2. 电石炉配比过高 3. 出炉量不足	1. 加强出炉 2. 根据三相炉眼出炉情况和发气量及时提高配比 3. 根据出炉情况及发气量及时降低配比，同时加强出炉
主控电脑黑屏	操作电脑卡屏或直接蓝屏或黑屏	1. 电脑程序、线路故障 2. 电脑电源线等松动	1. 立即使用备用电脑操作 2. 联系仪表工进行处理 3. 若短时间无法恢复正常使用，立即进行停电处理
荒气烟道开关不灵活或无法开关	1. 荒气烟道无法远程 2. 荒气烟道现场开关不灵活	1. 气源压力不够 2. 电磁阀故障 3. 阀瓣积灰卡涩	1. 立即联系巡检工现场操作 2. 联系仪表工检查 3. 若现场无法操作立即降挡，联系维修及仪表检查处理

续表

异常情况	出现的现象	产生的原因	处理方法
料仓闪爆	料仓内料位偏低，电石炉内CO上窜至料仓发生闪爆	1．料仓料位低 2．没有及时添加原料	1．立即紧急停电 2．立即撤离现场岗位人员至安全区域
料管堵塞	1．料仓料位仪持续半小时未下料 2．将军帽温度高	1．原料颗粒较大 2．原料中有杂物	1．电石炉降至1挡，进行敲击 2．停电处理

7.2.3.2　指标偏离原因及处理

电石炉中控工指标偏离及处理见表7-5。

表7-5　电石炉中控工指标偏离及处理

指标偏差	原因	处理措施
CO含量＞70%	1．气体分析仪故障 2．电石炉密封差 3．大负压操作	1．检查氢氧分析仪 2．对电石炉炉盖、炉门重新做密封 3．按照操作要求调整炉压
接触元件水温＞53℃	1．进水温度高 2．筋板烧损或接触元件跳槽	1．联系循环水降低供水温度 2．控制电极长度，停电检修电极
功率因数＜0.90	1．无功功率过大，电气参数配置不合理 2．补偿装置故障 3．补偿未投入	1．降低无功功率 2．联系电仪检查补偿装置 3．投入补偿
炉压＞10Pa	1．炉内漏水 2．电石炉塌料 3．净化风机频率低 4．净化风机跳停 5．净气烟道或净化管线堵塞 6．煤气总管管压高 7．炉压变送器异常或堵塞	1．停电处理 2．按照塌料处置方式进行处置 3．检查净化风机频率 4．打开荒气烟道蝶阀，联系电工复位风机 5．清理净气烟道、净化管线 6．联系调度及石灰窑调整煤气总管压力 7．检查炉压变送器，对炉压变送器反吹
炉压＜−5Pa	1．净化直排开度大 2．净化风机频率高	1．调整净化直排开度 2．调整风机频率
氢气含量＞12%	1．氢氧分析仪故障 2．炉内设备漏水 3．入炉炭材水分超标 4．电石炉塌料 5．炭材挥发分超标	1．检查氢氧分析仪 2．停电检查处理 3．控制入炉炭材水分 4．按照塌料处置方式进行处置 5．控制入厂炭材挥发分
氧气含量＜0.5%	1．净化系统仓体、管道、阀门、防爆膜破损或密封不严 2．长时间大负压操作 3．氢氧分析仪故障	1．用测温枪测量仓体温度，查看有无局部温度偏高现象，判断有无密封差的现象 2．检查电石炉净化装置防爆膜及仓体、管道是否有破损 3．将电石炉炉压调整至工艺指标控制范围 4．检查氢氧分析仪

7.2.3 会风险辨识

7.2.3.1 LEC 辨识方法

LEC 辨识方法详细请参考 1.2.4.1 小节。

7.2.3.2 JSA 辨识方法

JSA 辨识方法详细请参考 1.2.4.2 小节。

工作安全分析表详细见表 7-6。

表 7-6 工作安全分析（JSA）表

<table>
<tr><td>部门</td><td>电石三车间</td><td>工作任务简述</td><td colspan="2">工控机黑屏检查</td></tr>
<tr><td>分析人员</td><td>张某</td><td>许可证</td><td>检修作业票</td><td rowspan="2">特种作业人员是否有资质证明：
☑是 □否</td></tr>
<tr><td>相关操作规程</td><td>□有 ☑无</td><td>有无交叉作业</td><td>□有 ☑无</td></tr>
<tr><td>工作步骤</td><td colspan="2">危害描述（后果及影响）</td><td>控制措施</td><td>落实人</td></tr>
<tr><td>黑屏，工控机停止使用，切换备用电脑</td><td colspan="2">黑屏后未切换操作导致电石炉失控，存在燃爆的风险</td><td>工控机黑屏后及时切换</td><td>张某</td></tr>
<tr><td>对黑屏进行检查</td><td colspan="2">在未断电情况下会发生触电的风险</td><td>检查前对电脑进行断电，断电后进行验电操作</td><td>张某</td></tr>
<tr><td>电仪人员排除故障</td><td colspan="2">在未断电情况下会发生触电的风险</td><td>检查前对电脑线路进行断电，断电后进行验电操作</td><td>张某</td></tr>
<tr><td>电仪人员更换老化线路</td><td colspan="2">在未断电情况下会发生触电的风险</td><td>检查前对电脑线路进行断电，断电后更换老化线路</td><td>张某</td></tr>
<tr><td>属地设备员进行验收</td><td colspan="2">安装不平整，底座松动可能造成连接不正常</td><td>验收安装的垂直与水平、根部与底座平行度，连接正常</td><td>张某</td></tr>
<tr><td>应急措施</td><td colspan="4">1. 现场指派专人监护，如遇人员触电，第一时间联系电工进行断电，拨打急救电话
2. 如遇人员中暑等情况，现场人员应及时应急处理，并送往医务室</td></tr>
<tr><td>参与交底人员</td><td colspan="4">焦某、马某、朱某</td></tr>
</table>

7.2.3.3 SCL 安全检查表法

SCL 安全检查表法详细请参考 1.2.4.3 小节。

安全检查见表 7-7。

表 7-7　安全检查表（SCL）

序号	检查部位	检查内容	检查结果（是√或否×）	检查时间	检查人员	负责人	检查情况及整改要求	备注
1	集控中心	室内是否按照规范摆放消防设施	×	××××-××-××	张某	李某	缺少二氧化碳灭火器，属地车间按照消防要求配备消防设施	
2	集控中心	电石炉各工控机是否运行正常	√	××××-××-××	张某	李某		
3	集控中心	集控室照明灯是否通电完好	√	××××-××-××	张某	李某		
4	集控中心	电石炉炉底风机是否送电正常使用	√	××××-××-××	张某	李某		
5	集控中心	二氧化碳灭火器是否在规定质量	√	××××-××-××	张某	李某		
6	集控中心	集控室是否安装消防报警装置	√	××××-××-××	张某	李某		
7	集控中心	视频监控远传画面是否清晰，有无延迟	×	××××-××-××	张某	李某	10 号炉三楼视频监控远传画面模糊，现场监控镜头卫生较差，对监控镜头进行定期擦拭维护	
8	集控中心	各项工艺指标是否控制在指标范围内	×	××××-××-××	张某	李某	11 号炉 A4 接触元件水温在 55℃，要求中控人员控制电极量	

7.2.4　会应急处置

7.2.4.1　装置停车的应急处置

① 工控机黑屏应急处置见表 7-8。

表 7-8　工控机蓝屏、黑屏应急处置卡

突发事件描述	操作过程中工控机蓝屏、黑屏		
工序名称	电石炉中控岗位		
岗位	中控工	危险等级	中等
主要危害因素	工控机及电石炉装置无法操控，导致设备及人身事故		
应急注意事项	1. 必须立即停止现场装置运行 2. 应急过程中必须范穿戴好劳动防护用品		
劳动防护用品	防静电工作服、工作鞋		

<table>
<tr><td>应急处置措施</td><td>
1．急停调整炉压，退净化

2．手动泄压，开蝶阀

3．紧急疏散人员，排查人员有无伤亡及时报告

4．联系仪表人员进行检查</td></tr>
<tr><td>安全警示标识</td><td>
</td></tr>
</table>

② 电极软断应急处置见表 7-9。

表 7-9　电极软断应急处置卡

<table>
<tr><td>突发事件描述</td><td colspan="3">正常操作过程中电极发生软断</td></tr>
<tr><td>工序名称</td><td colspan="3">电石炉中控岗位</td></tr>
<tr><td>岗位</td><td>中控工</td><td>危险等级</td><td>中等</td></tr>
<tr><td>主要危害因素</td><td colspan="3">1．中控人员对电石炉装置操控不当，导致燃爆事故及人身伤害事故
2．电石炉未停电，作业人员靠近电石炉可能会发生烫伤事故</td></tr>
<tr><td>应急注意事项</td><td colspan="3">1．应急处置前必须对电石炉进行停电
2．应急过程中应急人员必须听从统一指挥
3．应急人员必须规范穿戴好劳动防护用品</td></tr>
<tr><td>劳动防护用品</td><td colspan="3">安全帽、防尘口罩、工作服</td></tr>
</table>

续表

应急处置措施	 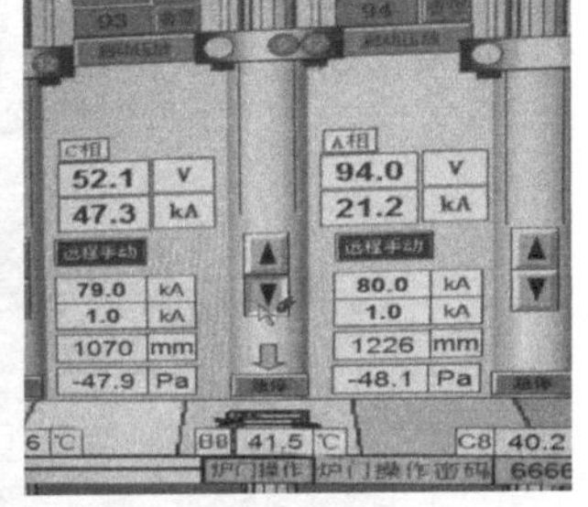 1. 急停全开荒气烟道蝶阀，退净化　2. 电极下降至下限位，禁止活动电极    3. 关闭该相电极所有循环水阀门　4. 负压最低值且无波动时，进行检查 5. 如遇人员伤亡，请立即拨打公司应急电话
安全警示标识	

③ 循环水断水应急处置见表 7-10。

表 7-10　循环水断水应急处置卡

突发事件描述	正常生产过程中循环水突然断水		
工序名称	电石炉中控岗位		
岗位	中控工	危险等级	中等
主要危害因素	1. 中控人员对电石炉装置操控不当，导致燃爆事故及人身伤害事故 2. 电石炉循环水未正常前，作业人员靠近电石炉可能会发生烫伤事故		
应急注意事项	1. 应急处置前必须对电石炉进行停电 2. 应急过程中应急人员必须听从统一指挥 3. 应急人员必须规范穿戴好劳动防护用品		
劳动防护用品	安全帽、防尘口罩、工作服		

<table>
<tr><td>应急处置措施</td><td>
1．紧急停电，开蝶阀，退净化
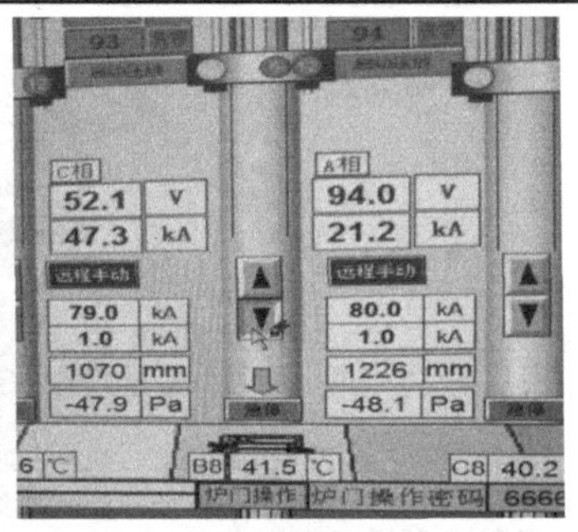
2．活动三相电极将电极下降至下限位
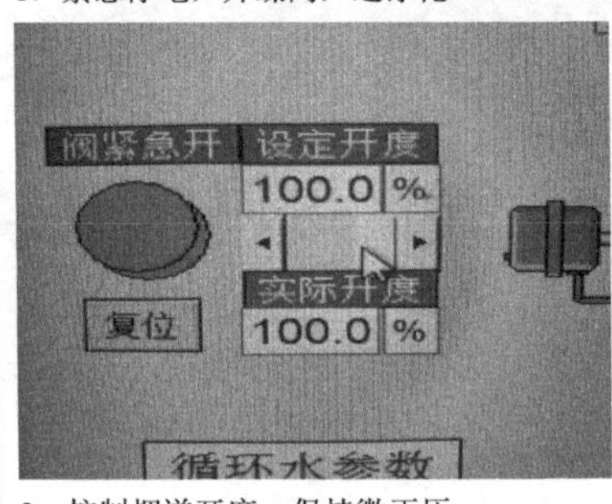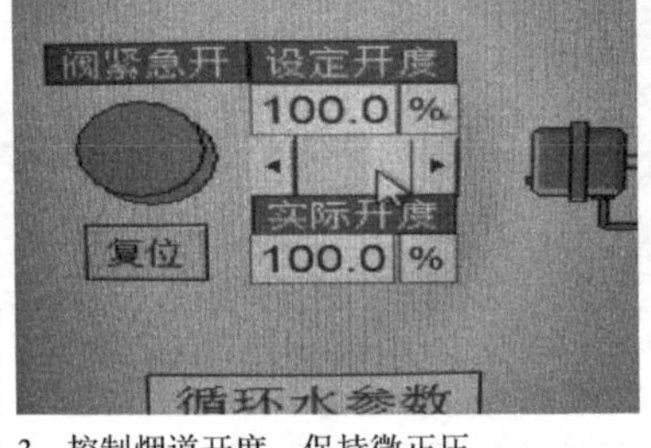
3．控制烟道开度，保持微正压

4．未供水，勿靠近，防伤人</td></tr>
<tr><td>安全警示标识</td><td></td></tr>
</table>

④ 工艺电跳停应急处置见表 7-11。

表 7-11 工艺电跳停应急处置卡

<table>
<tr><td>突发事件描述</td><td colspan="3">正常生产过程中工艺电跳停</td></tr>
<tr><td>工序名称</td><td colspan="3">电石炉中控岗位</td></tr>
<tr><td>岗位</td><td>中控工</td><td>危险等级</td><td>中等</td></tr>
<tr><td>主要危害因素</td><td colspan="3">1．工艺电跳停，导致电石炉被迫停车
2．炉内温度降低，造成电石炉减产，炉况恶化</td></tr>
<tr><td>应急注意事项</td><td colspan="3">1．应急处置前必须将急停按钮按下，未经车间同意禁止复位，防止工艺电自动恢复
2．应急人员必须规范穿戴好劳动防护用品</td></tr>
<tr><td>劳动防护用品</td><td colspan="3">安全帽、防尘口罩、工作服</td></tr>
</table>

应急处置措施	  1．通知人员撤离，并逐级上报  2．净化工切气，调炉压  3．立即通知机操手封堵炉眼 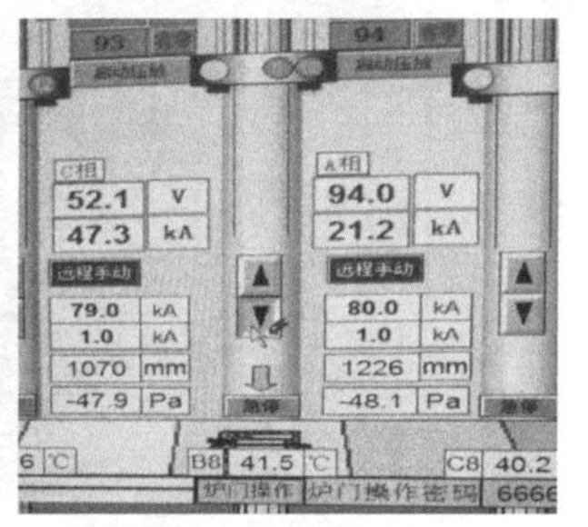 4．活动电极，将电极下降至下限位
 安全警示标识	

⑤ 动力电跳停应急处置见表 7-12。

表 7-12　动力电跳停应急处置卡

突发事件描述	正常生产过程中动力电跳停		
工序名称	电石炉中控岗位		
岗位	中控工	危险等级	中等
主要危害因素	1．中控人员对电石炉装置操控不当，导致燃爆事故及人身伤害事故 2．电石炉不能正常泄压，作业人员靠近电石炉可能会发生烫伤事故		
应急注意事项	1．应急处置前必须对电石炉进行停电 2．应急过程中应急人员必须听从统一指挥 3．应急人员必须规范穿戴好劳动防护用品		
劳动防护用品	安全帽、防尘口罩、工作服		

应急处置措施	 1．紧急停电  2．手工打开荒气烟道蝶阀 3．通知电工排除故障  4．通知人员立即封堵炉眼
安全警示标识 	

7.2.4.2　人身伤害应急处置

① 人员触电应急处置见表 7-13。

表 7-13　人员触电应急处置卡

突发事件描述	现场作业人员接触带电设备		
工序名称	电石炉中控岗位		
岗位	中控工	危险等级	中等
主要危害因素	1．作业人员未按要求穿戴劳动防护用品，作业过程中未按要求对设备断电，赤手接触带电设备		
应急注意事项	1．应急处置前必须对设备进行断电 2．应急人员必须规范穿戴好劳动防护用品		
劳动防护用品	安全帽、防尘口罩、工作服		

续表

应急处置措施	 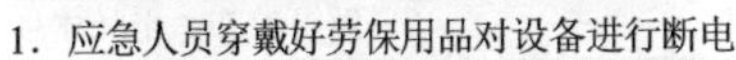 1. 应急人员穿戴好劳保用品对设备进行断电  2. 将触电人员移至安全区域 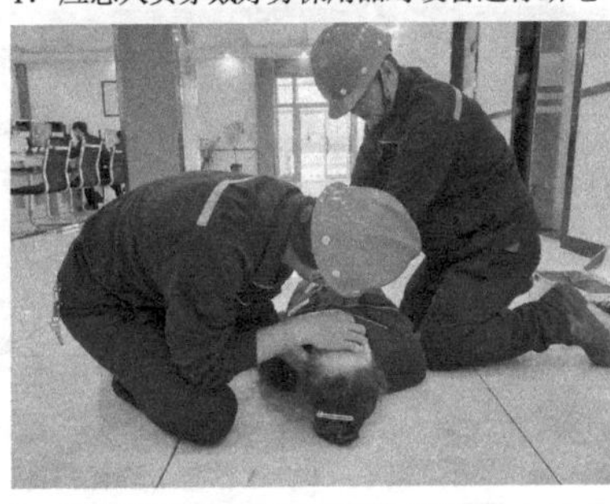 3. 对患者采取胸外按压及人工呼吸  4. 上报情况，并拨打救援电话
安全警示标识	

② 人员中暑应急处置见表 7-14。

表 7-14　人员中暑应急处置卡

突发事件描述	高温天气造成人员中暑		
工序名称	电石炉中控岗位		
岗位	中控工	危险等级	中等
主要危害因素	1. 中控人员对电石炉装置操控期间，因天气炎热导致身体不适或中暑 2. 电石炉集控室，闷热通风不畅，作业人员长时间处在高温环境		
应急注意事项	1. 应急处置前现场配备应急急救药品 2. 应急过程中应急人员必须听从统一指挥		
劳动防护用品	安全帽、防尘口罩、工作服		

续表

应急处置措施	1. 天气炎热人员发生中暑 2. 解开衣扣，平卧休息 3. 对患者进行降温 4. 给患者服用解暑药物，及时送医
安全警示标识	当心触电

7.3 五能

7.3.1 能遵守工艺纪律

中控工岗位工艺纪律见表 7-15 和图 7-7～图 7-10。

表 7-15　中控工工艺纪律一览表

序号	工艺生产操作控制
1	电石炉出现波动时，禁止自动操作；出现塌料立即将自动操作切换到手动操作
2	焙烧电极禁止自动操作
3	电极压放间隔时间不得超出 30～120min
4	在任何操作中，变压器挡位相差不能超过 2 挡

续表

序号	工艺生产操作控制
5	正常生产过程中功率因数≥0.90
6	正常生产时料仓料位≥2.6m
7	当电极升降油压泵发生故障或压放量异常时，立即通知液压操作人员维修处理并倒用备用泵工作
8	电石炉带电，活动电极先上后下，停电后先下后上
9	在处理料面过程中，禁止人员正对炉门站立，如炉门冒火，应立即停止处理料面，适当提升净化风机频率，待炉压显示最大负压值且炉门无冒火现象时方可处理

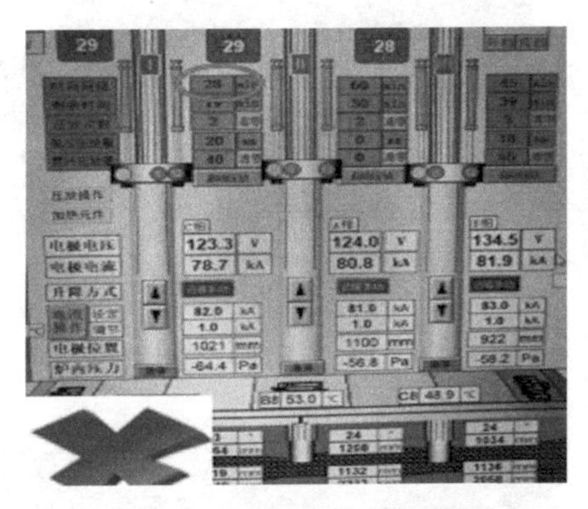

图 7-7　电极未按规定时间压放

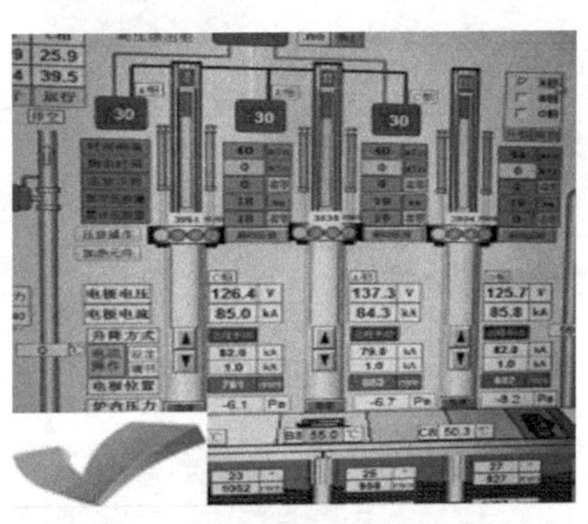

图 7-8　电极按规定时间压放

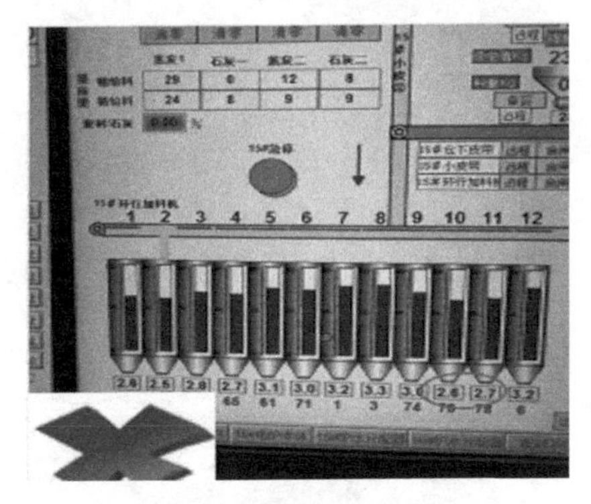

图 7-9　未按照规定料位加料

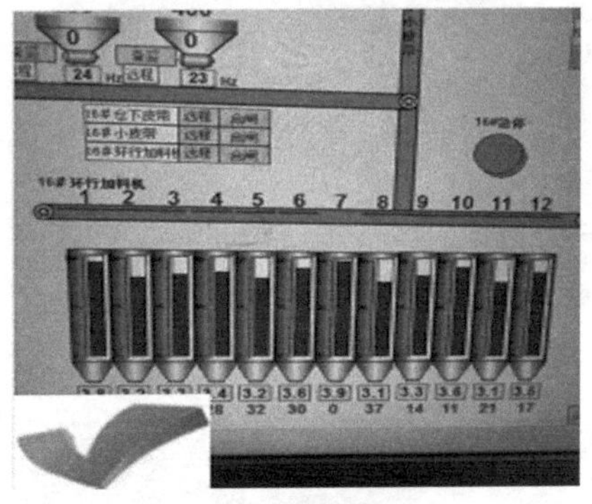

图 7-10　按照规定料位加料

7.3.2　能遵守安全纪律

中控工岗位安全纪律见表 7-16 和图 7-11～图 7-18。

表 7-16　中控工安全纪律一览表

序号	安全纪律
1	严禁直接触碰带电设备
2	上下班期间劳保穿戴齐全

续表

序号	安全纪律
3	当班期间必须将头发盘整齐，并佩戴头花
4	上下楼梯须扶扶手

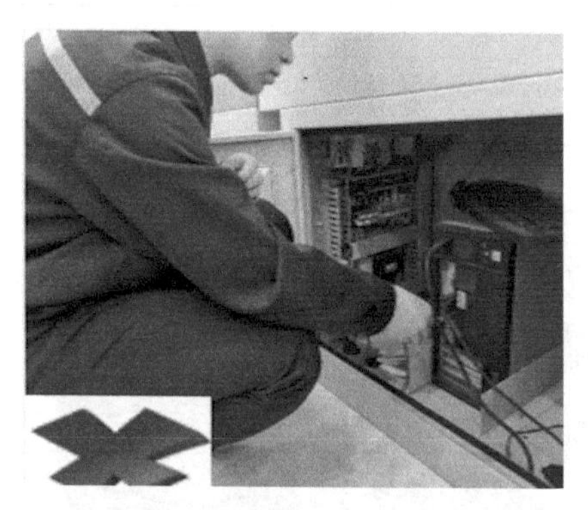

图 7-11　中控工直接拔出计算机插头

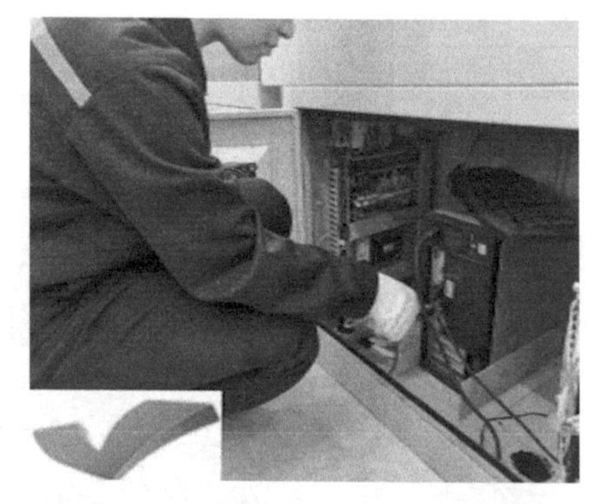

图 7-12　中控工佩戴手套拔出计算机插头

图 7-13　中控工安全帽佩戴不规范

图 7-14　中控工上下班期间安全帽佩戴规范

图 7-15　当班期间未盘发

图 7-16　当班期间盘发整齐

图 7-17　上下楼梯未扶扶手

图 7-18　上下楼梯扶扶手

7.3.3　能遵守劳动纪律

7.3.3.1　能遵守本岗位劳动纪律

中控岗位劳动纪律见表 7-17 和图 7-19～图 7-24。

表 7-17　中控岗位劳动纪律一览表

序号	违反劳动纪律
1	未严格履行监护人职责
2	没有经过部门领导同意的或没有办理请假手续私自离岗，请假逾期不归
3	在厂区内喝酒闹事
4	未按时做记录及录入数据
5	进入生产区域未佩戴安全帽、劳保鞋或所穿戴劳动防护用品不符合规定
6	上岗做到十不，不脱岗、不睡岗、不串岗、不干私活、不闲谈、不打逗嬉闹、不违章操作、不看与生产和专业无关的书刊、不吃零食、不使用电话闲聊

图 7-19　电石炉中控工上班期间玩手机

图 7-20　电石炉中控工学习岗位操作

图 7-21　电石炉中控工上班使用电话闲聊

图 7-22　电石炉中控工上班专心操作

图 7-23　电石炉中控工上班期间随意吃零食

图 7-24　电石炉中控工上班专心记录

7.3.3.2　劳动防护用品配备标准

中控岗位防护用品配备标准见表 7-18、中控岗位劳保穿戴见图 7-25。

表 7-18　中控岗位防护用品配备标准一览表

配发劳动防护用品种类	发放周期
秋装	2 年/套
棉衣	4 年/件
玻璃钢安全帽	3 年/顶
N95 防尘口罩	2 只/月
线手套	1 月/双
劳保鞋	1 年/双

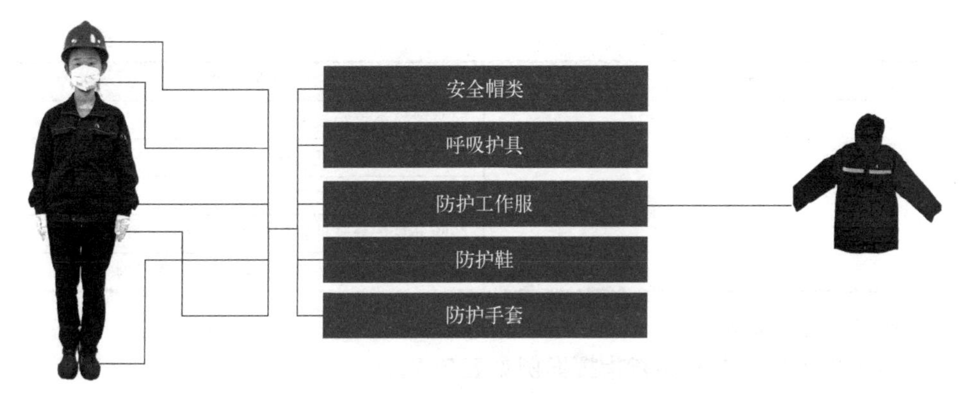

图 7-25 电石炉中控岗位劳保穿戴图

7.3.4 能制止他人违章

电石炉中控岗位违章行为见表 7-19。

表 7-19 电石炉中控岗位违章行为一览表

违章行为	监督举报	积分奖励
1. 检修作业没有作业票据 2. 检修作业未佩戴“监护人”标识 3. 作业时带电检修 4. 作业人员私自修改、篡改作业方案及票证 5. 随意更改线路的敷设 6. 私自拉设电源线及插座	向现场安全人员举报	+1
	告知现场负责人	+1
	批评教育	+2
	现场纠错	+2
	安全提醒	+1
	行为观察	+2
	组织培训	+2
	提供学习资料	+2
	告知违章后果	+2

7.3.5 能抵制违章指挥

电石炉中控岗位违章指挥见表 7-20。

表 7-20 电石炉中控岗位违章指挥一览表

违章指挥	抵制要求
1. 未办理票证，强令检修作业 2. 人员未撤离，强令开车 3. 设备未断电，强令检修作业 4. 强令调整工艺参数	抵制违章指挥，坚决不违章操作
	撤离现场，不执行违章指挥命令
	现场安全提醒，采取纠错
	告知车间或公司
	监督举报

续表

违章指挥	抵制要求
	向公司检举信箱投递
	帮助他人，一同抵制违章指挥
	现身说法，告知身边人
	经验分享，分享抵制违章指挥的行为
	参与培训，清楚违章指挥和违章作业行为

反“三违”案例如下。

（1）中控岗位人员违章指挥案例见表 7-21。

表 7-21　中控岗位人员违章指挥案例

时间	4月15日	地点	集控中心	部门	电石车间	类型	违章指挥
事情经过							
××年 4 月 15 日，某电石厂班长张某在当班期间收到班组中控工的汇报：1 号电极上次压放量异常，已到本次压放时间，压放异常修复完成了没有？能否进行下次压放操作？班长张某在未修复完成前安排中控工贾某对此相电极进行压放操作，造成压放装置三楼半电极筒处铁皮损坏							
原因分析							
1．班组长张某在了解现场装置的异常情况下未进行风险研判违章指挥班组中控工进行压放电极操作导致现场出现铁皮破损							
2．班组中控工在接到违章指挥的指令后未向上级管理人员进行汇报也未拒绝违章指挥通知，直接进行作业							
整改措施							
1．班组长在当班期间严格遵守各项规章制度，严禁违章指挥、违章操作、违反劳动纪律							
2．中控岗位人员在遇到上级管理人员违章指挥的，有权拒绝作业并上报							
3．各班组加强岗位风险辨识培训，定期组织人员开展现场风险辨识活动，提高班组人员风险辨识能力							
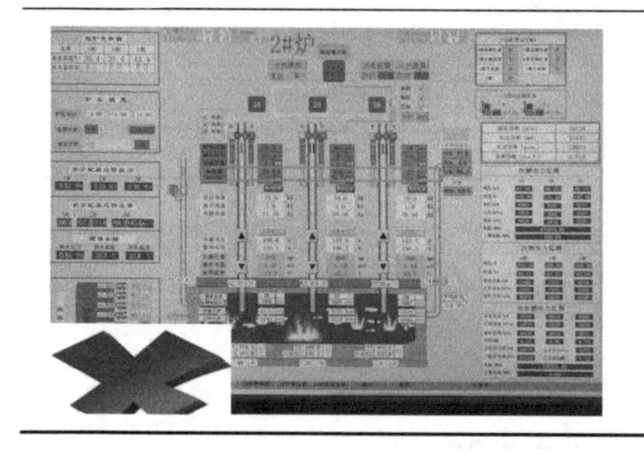				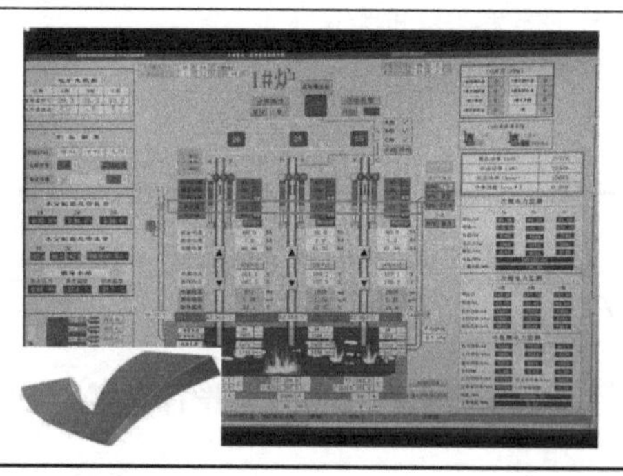			

（2）电石炉中控岗位人员违反劳动纪律案例见表 7-22。

表 7-22　电石炉中控岗位违反劳动纪律案例

时间	8月10日	地点	电石炉中控室	部门	电石车间	类型	违反劳动纪律
事情经过							
××年 8 月 10 日，某电石车间管理人员在夜间巡检过程中发现中控工王某，在当班期间精神萎靡不振，有打瞌睡现象							

原因分析
1. 班组管理人员日常监督管理不到位，班组缺少相关安全培训 2. 班组人员姜某安全意识淡薄，对生产数据发生变化时，不能及时调整 3. 班组内部管理松散，王某在班前8h没有足够的睡眠，导致第二日精神较差，在当班期间打瞌睡 4. 当班组班组长何某对班组人员劳动纪律监督管理不到位
整改措施
1. 各班组人员合理安排作息时间，严禁在岗期间打瞌睡 2. 同宿舍人员做好相互监督工作，时刻提醒岗位人员调整作息时间，杜绝在岗期间精神涣散 3. 进行任何操作作业时人员必须精神十足，紧盯操作平台，保持头脑清醒，认真落实各项检生产数据

（3）电石炉中控岗位人员违章操作案例见表7-23。

表7-23　电石炉中控违章操作案例

时间	6月5日	地点	电石炉四楼	部门	电石车间	类型	违章操作
事情经过							
××年6月5日，某电石车间中控工赵某，在当班期间因2号入炉深度偏浅，私自提升该相电极电流3kA，导致2号电极水温异常升高5℃，对电石炉安全生产带来极大影响							
原因分析							
1. 中控工赵某对公司下发岗位操作法内容未能认真执行 2. 中控工赵某在提升电流前，没有与现场管理人员沟通，在不清楚电极烧结情况的出料情况下私自提升电极电流 3. 日常管理欠缺，对中控岗位人员要求不严格，班组内部培训流于形式，未能使员工将各项操作规程深入脑海							
整改措施							
1. 各岗位人员严格按照公司、车间下发的各项管理规定及要求进行作业 2. 进行参数调整及更改时，必须与现场人员及班长进行相互沟通，确认无误后再进行调整 3. 各班组管理人员加强对班组人员内部培训工作，将各项规章制度落实落地							

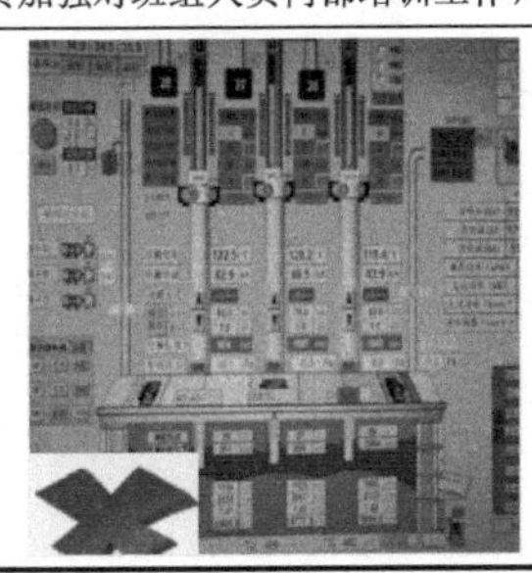
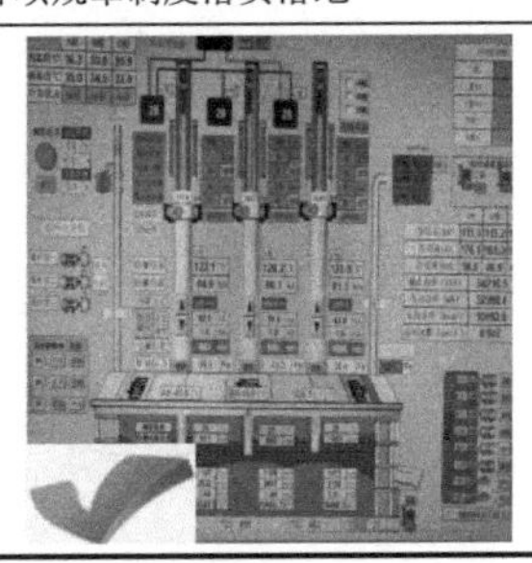